Das Multiversum des Bewusstseins:
Die Enträtselung der Illusion von Raum und Zeit

DAVID WOODSON II

"X" - @woodson1900

davidwoodson84@gmail.com

Copyright © 2024 David Woodson

All rights reserved.

INHALTSVERZEICHNIS

1. DIE ANOMALIE DES BEWUSSTSEINS — 4
2. DIE EINZIGARTIGKEIT DES LEBENS IM UNIVERSUM — 21
3. DIE EVOLUTION DES LEBENS UND DES BEWUSSTSEINS — 39
4. DIE WELT JENSEITS UNSERER SINNE — 46
5. ZEIT ALS ILLUSION — 58
6. DIE NATUR DES RAUMS — 78
7. MATHEMATISCHE REALITÄT — 100

KAPITEL 1: DIE ANOMALIE DES BEWUSSTSEINS

Die virtuelle Realität, die Sie Leben nennen

Ich wende mich direkt an Sie, Leser, und beginne mit einem vielleicht unerwarteten Gedanken: Sie leben in einer virtuellen Realität. Ja, alle Empfindungen, die Sie von der Geburt bis zum Tod erleben - die Farben eines Sonnenuntergangs, der Geschmack Ihres Lieblingsessens, die Berührung eines geliebten Menschen - werden von Ihrem Gehirn erzeugt. Es konstruiert eine virtuelle Umgebung in sich selbst, die die äußere, reale Umgebung genau nachbilden kann. Wie können Sie sicher sein, dass die Realität, die Sie wahrnehmen, echt ist? Gibt es Anomalien, die auf ihre Künstlichkeit hinweisen?

Denken Sie einen Moment darüber nach. Sie sitzen in einem Raum, lesen diese Zeilen, vielleicht hören Sie Musik oder riechen Kaffee. All diese Empfindungen werden durch elektrische Impulse in Ihrem Gehirn erzeugt. Sie werden zu Ihrer Realität, Ihrer Wahrheit. Aber was wäre, wenn diese Impulse von einer externen Quelle verändert oder sogar erzeugt werden könnten?

Betrachten Sie einige Beispiele. Sie wachen mitten in der Nacht auf und fühlen sich, als wären Sie gefallen. Obwohl Sie still in Ihrem Bett lagen, erzeugte Ihr Gehirn die Illusion des Fallens, und Sie spürten tatsächlich die Angst. Dies ist ein kleines Beispiel dafür, wie das Gehirn Sie dazu bringen kann, etwas zu glauben, das nicht real ist. Aber wie tief kann diese Illusion gehen?

Denken Sie an die Farben eines Sonnenuntergangs. Sie können unglaublich lebendig und schön sein, aber sie sind einfach Lichtwellen, die Ihre Augen wahrnehmen und an Ihr Gehirn weiterleiten, wo diese Signale als Farben interpretiert werden. Woher wissen wir, dass diese Farben außerhalb unseres Bewusstseins existieren? Sie sind nur Wellenlängen auf einem Spektrum.

Der Geschmack Ihres Lieblingsessens ist ein weiteres Beispiel, das zeigt, wie unser Gehirn die Realität erschafft. Wenn Sie essen, empfängt Ihr Gehirn Signale von Geschmacksrezeptoren und wandelt sie in das Gefühl des Geschmacks um. Aber was passiert, wenn diese Rezeptoren ausgetrickst werden? Wissenschaftler entwickeln bereits Geräte, die Geschmacksrezeptoren stimulieren und das Gefühl verschiedener Geschmacksrichtungen erzeugen können, ohne dass Lebensmittel konsumiert werden. Somit ist der Geschmack Ihres Lieblingsessens nur ein Produkt der Aktivität Ihres Gehirns.

Die Berührung eines geliebten Menschen ist eine der intimsten und wichtigsten Empfindungen. Aber auch dies sind nur elektrische Impulse, die über Nervenenden an das Gehirn übertragen werden. Stellen Sie sich eine Technologie vor, die diese Impulse künstlich erzeugen könnte. Sie würden die Berührung fühlen, auch wenn niemand in der Nähe wäre. Nehmen Sie zum Beispiel Träume - sie scheinen so real zu sein, während Sie schlafen, aber sobald Sie aufwachen, kehrt die Realität zurück. Dies deutet darauf hin, dass unser Gehirn in der Lage ist, völlig überzeugende Illusionen zu erschaffen. Können Sie sich der Echtheit dieser Empfindungen sicher sein?

Die Simulationshypothese: Leben wir in der Matrix?

Eine der beliebtesten Ideen, die dem modernen Menschen in den Sinn kommt, wenn er über die Natur des Bewusstseins nachdenkt, ist die Simulationshypothese. Die Idee, dass wir in einer riesigen Computersimulation leben könnten, wurde besonders populär nach Nick Bostroms Artikel "Leben Sie in einer Computersimulation?". Er argumentiert, dass, wenn die Menschheit einen ausreichenden technologischen Entwicklungsstand erreicht, sie unzählige Simulationen des Universums erschaffen könnte, die vom Original nicht zu unterscheiden wären. Innerhalb dieser Simulationen würden Menschen entstehen, die auch ihre eigenen Simulationen erstellen könnten, und so weiter ad infinitum. Daher nähert sich die Wahrscheinlichkeit, dass wir am Anfang dieser Kette stehen und nicht in einer der unzähligen Simulationen, Null an.

Diese Idee, so fantastisch sie auch erscheinen mag, hat durchaus ernsthafte philosophische und wissenschaftliche Grundlagen. Sie lässt uns über die Natur der Realität nachdenken und darüber, wie trügerisch unsere Sinne sein können. Wenn wir wirklich in einer Simulation leben, dann könnte alles, was wir für real halten - die Gesetze der Physik, unsere Körper, andere Menschen - nur Teil eines komplexen Programms sein.

Denken Sie an die Möglichkeiten, die eine solche Hypothese eröffnet. Wenn wir in einer Simulation leben, dann könnte unsere Welt jederzeit verändert oder neu gestartet werden. Es bedeutet auch, dass es jemanden oder etwas gibt, das diese Simulation kontrolliert und unsere Empfindungen und Erfahrungen erzeugt. Es könnte eine andere Zivilisation sein, die einen unglaublichen Entwicklungsstand erreicht hat, oder sogar zukünftige Generationen der Menschheit, die beschlossen haben, die Vergangenheit in Form einer Simulation nachzubilden.

Es gibt auch andere Aspekte dieser Hypothese zu berücksichtigen. Was würde zum Beispiel passieren, wenn wir Beweise dafür finden könnten, dass wir in einer Simulation leben? Könnten wir in ihren Betrieb eingreifen und die Spielregeln ändern? Oder würden wir hilflose Beobachter bleiben, verurteilt zu einem Leben in einer virtuellen Welt?

Bewusstsein: Die Anomalie, die die Illusion bricht

Aber selbst wenn wir die Simulationshypothese verwerfen, gibt es mindestens eine Anomalie in der Welt, die Sie kennen, die nicht durch die bekannten Gesetze der Physik erklärt werden kann. Diese Anomalie ist das Bewusstsein.

Stellen Sie sich vor, Ihr Gedächtnis wurde gelöscht und Sie wurden in eine virtuelle Realität mit anderen physikalischen Gesetzen versetzt. Auf den ersten Blick könnten Sie nichts über die Welt außerhalb der Simulation lernen. Aber das stimmt nicht. Indem Sie die Gesetze dieser neuen Welt studieren, würden Sie unweigerlich zu dem Schluss kommen, dass sie zu einfach sind, um ein so komplexes Phänomen wie Bewusstsein hervorzubringen. Die Tatsache Ihrer Existenz als fühlendes Wesen würde den Gesetzen dieser Welt widersprechen.

Bewusstsein ist ein einzigartiges Phänomen, das über das traditionelle Verständnis von Physik und Biologie hinausgeht. Es umfasst Selbstbewusstsein, die Fähigkeit zum abstrakten Denken, Reflexion, Emotionen und Intuition. Es ist das, was Sie zu "Ihnen" macht, Ihnen Persönlichkeit und Individualität verleiht.

Selbst in unserer Welt bleibt Bewusstsein ein ungelöstes Rätsel. Wir können viele Aspekte der Funktionsweise des Gehirns erklären, von neuronalen Verbindungen bis hin zu chemischen Reaktionen, aber wir verstehen immer noch nicht, wie Bewusstsein entsteht. Diese Anomalie deutet auf die Existenz von etwas mehr als nur physikalischen Prozessen hin.

Stellen Sie sich nun vor, Sie studieren die Gesetze der neuen Welt, in die Sie versetzt wurden. Sie bemerken, dass diese Gesetze sehr einfach und logisch sind. Sie können viele Dinge erklären, aber sie können nicht erklären, warum Sie Bewusstsein haben, warum Sie fühlen, denken und erleben. Das würde Sie fragen lassen, ob es etwas jenseits dieser Welt gibt, etwas, das über ihre Gesetze und Grenzen hinausgeht.

Dies könnte der Schlüssel zum Verständnis sein, dass es selbst in unserer realen Welt etwas gibt, das über das Materielle hinausgeht. Bewusstsein könnte ein Hinweis darauf sein, dass unsere Realität nicht nur eine physische Welt ist, sondern etwas viel Tieferes und Komplexeres.

Das Schachbrett als Metapher

Stellen Sie sich vor, Sie befänden sich in der Welt des Schachs und würden zur Königfigur. Nachdem Sie die Regeln des Spiels gelernt haben, würden Sie erkennen, dass sie zu primitiv sind, um Ihre Fähigkeit zu erklären, zu denken, zu fühlen und sich Ihrer selbst bewusst zu sein. Sie würden verstehen, dass Ihre Existenz nicht durch die Gesetze dieser Schachwelt erklärt werden kann.

Die Welt des Schachs ist streng definiert: Jede Figur hat ihre eigenen klar definierten Bewegungsregeln und Einschränkungen. Die Bewegungen der Figuren unterliegen vollständig diesen Regeln. Wenn Sie jedoch der König wären und Bewusstsein hätten, würden Sie sofort sehen, dass die Regeln des Spiels nicht Ihre Fähigkeit erklären, über diese Regeln nachzudenken, Emotionen aus Sieg oder Niederlage zu empfinden, sich Ihrer selbst als separates Individuum in der Schachwelt bewusst zu sein.

In ähnlicher Weise kann Bewusstsein nicht durch die bekannten Gesetze der Physik erklärt werden. Es ist mehr als nur elektrochemische Prozesse im Gehirn. Es ist das, was uns einzigartig macht und uns von allen anderen Objekten im Universum unterscheidet.

In der Schachwelt würde Ihre Fähigkeit zur Selbstreflexion und zum Denken über die Konzepte hinausgehen, die diese Welt beschreiben. Es würde zu einer Anomalie werden, die den inneren Gesetzen des Spiels widerspricht. Indem Sie die Welt des Schachs studieren, würden Sie verstehen, dass Ihr Denken und Bewusstsein nicht das Ergebnis nur der Regeln sein können, die die Bewegungen der Figuren bestimmen.

Dasselbe gilt für unsere Realität. Die bekannten Gesetze der Physik erklären erfolgreich das Verhalten von Materie und Energie, aber sie können nicht erklären, wie Bewusstsein entsteht. Wir können neuronale Verbindungen und chemische Prozesse im Gehirn untersuchen, aber das enthüllt nicht vollständig die Natur unseres Bewusstseins.

Kausale Geschlossenheit der physischen Welt: Die Illusion der Selbstgenügsamkeit

Je ausgefeilter die Simulation, desto länger werden Sie in der Illusion der Realität Ihrer simulierten Welt verbleiben. Wenn Ihre "Gefängniswärter" möchten, dass Sie niemals erraten, dass Sie sich in einer Simulation befinden, reicht es nicht aus, Sie einfach davon abzuschirmen, die Außenwelt zu beobachten. Die Simulation muss in allem, was Erklärungen betrifft, vollständig autark und in sich konsistent sein. Die Antwort auf jede Frage, die Sie über die Welt um sich herum haben, muss in die Struktur der simulierten physischen Realität eingewoben sein.

Dies ist die Essenz des sogenannten Prinzips der kausalen Geschlossenheit der physischen Welt. Nach diesem Prinzip hat jeder physische Effekt eine ausreichende physische Ursache für sein Auftreten. Das Universum enthält alles Notwendige für eine vollständige kausale Erklärung jedes seiner Elemente und ist in dem Sinne vollständig oder geschlossen, dass keine nicht-physischen Ursachen für eine solche Erklärung benötigt werden.

Nach diesem Prinzip müssen alle Ereignisse in der physischen Welt Ursachen haben, die ebenfalls physisch sind. Das bedeutet, dass jeder Prozess, jedes Phänomen, das wir beobachten, seine Wurzeln in physikalischen Gesetzen und Bedingungen haben muss. Ein solches Konzept gewährleistet die Selbstgenügsamkeit und Geschlossenheit der physischen Realität, die nicht das Eingreifen externer oder nicht-physischer Faktoren erfordert, um ihre Struktur und Funktionsweise zu erklären.

Trotz der Tatsache, dass das Prinzip der kausalen Geschlossenheit des Universums ein Grundprinzip der Physik ist, haben viele Denker ernsthafte Zweifel daran, dass zumindest ein Teil der Realität kausal geschlossen ist, geschweige denn die gesamte Realität.

Diese Zweifel werden durch verschiedene Phänomene und Konzepte erzeugt, die nicht immer in den Rahmen rein physikalischer Erklärungen passen. Zum Beispiel ist Bewusstsein eine der Hauptanomalien, die wir zuvor diskutiert haben. Seine Natur und Entstehungsmechanismen entziehen sich einer einfachen physikalischen Analyse, was die Möglichkeit einer vollständigen kausalen Erklärung im Rahmen der physikalischen Geschlossenheit in Frage stellt. Warum? Weil Bewusstsein existiert.

Wie wir bereits festgestellt haben, ist Bewusstsein eine Anomalie, die nicht in den Rahmen der physikalischen Gesetze passt. Es kann nicht auf elektrochemische Prozesse im Gehirn reduziert werden; es ist etwas mehr. Und dieses "etwas mehr" unterliegt nicht dem Prinzip der kausalen Geschlossenheit.

Bewusstsein ist eine nicht-physische Ursache, die physische Folgen hat. Unsere Gedanken, Gefühle, Wünsche – all dies beeinflusst unser Verhalten, unsere Handlungen in der physischen Welt. Aber woher kommen diese Gedanken, Gefühle und Wünsche? Sie können nicht allein durch physische Ursachen erklärt werden.

Wenn wir Bewusstsein als eine nicht-physische Einheit betrachten, die die Fähigkeit hat, mit der physischen Welt zu interagieren, dann stehen wir vor einem Paradoxon: Wie kann etwas Nicht-Physisches eine Wirkung auf das Physische haben? Dieses Paradoxon wirft ernsthafte Fragen zum Prinzip der kausalen Geschlossenheit auf. Wenn Bewusstsein physische Folgen, aber keine physischen Ursachen hat, dann kann dieses Prinzip nicht universell und vollständig sein.

Zum Beispiel können Ihre Entscheidungen und Handlungen durch Emotionen, Erinnerungen oder moralische Überzeugungen motiviert sein. Obwohl diese Phänomene bestimmte physische Korrelate im Gehirn haben können, kann ihr Wesen nicht vollständig durch physische Prozesse erklärt werden. Sie entstehen aus subjektiver Erfahrung, die keinen physischen Messungen unterliegt.

Was bin ich?

Reflexionen über dieses Thema können Sie völlig fesseln, denn Ihre gesamte Persönlichkeit, alles, was Sie wissen und fühlen, ist im winzigen Raum Ihres Schädels enthalten. Es ist wie ein ganzes Universum, das innerhalb der Grenzen Ihres Schädels existiert.

- **Erinnerungen:** Echos der Vergangenheit, die Ihre Gegenwart formen. Sie können lebendig und detailliert sein, als ob Sie die Ereignisse erneut erleben würden, oder verschwommen und fragmentiert, wie alte Fotos. Aber jede Erinnerung ist ein Teil von Ihnen, sie macht Sie einzigartig.
- **Erfahrungen:** Gesammeltes Wissen und Fähigkeiten, die Sie im Laufe Ihres Lebens erworben haben. Dies sind Ihre Erfolge und Misserfolge, Freuden und Sorgen, Lektionen, die Sie gelernt haben, und Schlussfolgerungen, die Sie gezogen haben. Ihre Erfahrung ist Ihre Weisheit, sie hilft Ihnen, sich in der Welt zurechtzufinden.
- **Bedürfnisse:** Grundlegende Instinkte, die Ihr Überleben und Wohlbefinden sichern. Dies sind die Bedürfnisse nach Nahrung, Wasser, Schlaf, Sicherheit, Liebe, Anerkennung. Ihre Bedürfnisse sind Ihre treibende Kraft, sie motivieren Sie zum Handeln.
- **Wünsche:** Träume und Bestrebungen, die Ihr Leben mit Sinn erfüllen. Dies sind die Wünsche, Erfolg zu haben, Liebe zu finden, eine Familie zu gründen, die Welt zu verändern. Ihre Wünsche sind Ihr Kompass, sie weisen Ihnen die richtige Richtung.
- **Innere Stimme:** Ihr innerer Dialog, Ihre Gedanken und Gefühle. Es ist Ihr Ratgeber und Kritiker, Ihr Freund und Feind. Ihre innere Stimme ist Ihr Gewissen, sie hilft Ihnen, die richtigen Entscheidungen zu treffen.

All diese Elemente zusammen erschaffen Ihre Persönlichkeit, Ihre einzigartige Identität. Sie bestimmen, wer Sie sind, wie Sie denken, wie Sie fühlen, wie Sie handeln. Aber was ist, wenn all dies nur eine Illusion ist, die von Ihrem Gehirn erzeugt wird? Was ist, wenn es außerhalb Ihres Schädels nichts als Leere gibt?

Aber was wäre, wenn wir tiefer graben, über unsere eigenen Schädel hinaus? 1970 beschlossen zwei deutsche Psychiater, Ingros und Peterman, ein Experiment durchzuführen, das Licht auf die Natur des menschlichen Bewusstseins und seine Verbindung zur Außenwelt werfen sollte. Sie schufen eine "stumme Kammer" - einen Raum, der vollständig von äußeren Reizen isoliert war: Geräuschen, Licht, Gerüchen. Freiwillige, die lange Zeit in dieser Kammer verbrachten, begannen Halluzinationen, Zeitverlust und andere psychische Störungen zu erleben.

Dieses Experiment, das einen öffentlichen Aufschrei verursachte, zeigte, wie wichtig äußere Reize für unsere psychische Gesundheit und unser Realitätsgefühl sind. Unsere Sinne sind Fenster zur Welt, durch die wir Informationen über unsere Umgebung erhalten. Aber was passiert, wenn wir das Gehirn vollständig von allen Sinnen trennen? Wird etwas von unserem Bewusstsein, unserer Persönlichkeit übrig bleiben? Können wir überhaupt ohne die Außenwelt existieren?

Diese Fragen führen uns zu der zweiten grundlegenden Frage:

Was geschieht um uns herum?

Diese Frage mag einfach erscheinen, ist aber in Wirklichkeit viel komplexer und tiefgründiger, als es auf den ersten Blick scheint. Schließlich erhalten wir alles, was wir über die Welt wissen, durch unsere Sinne. Wenn wir sie ausschalten, wird dann etwas von unserer Wahrnehmung der Realität übrig bleiben? Werden wir überhaupt in der Lage sein zu fühlen, zu denken, zu existieren?

Das Experiment der "stummen Kammer" löste zahlreiche Diskussionen über seine Ethik und die möglichen negativen Folgen für die Psyche der Teilnehmer aus. 1973 mussten die Experimente eingestellt werden, wodurch viele Fragen unbeantwortet blieben. Aber dieses Experiment ließ uns darüber nachdenken, wie sehr wir von der Außenwelt abhängig sind und wie sie unser Bewusstsein und unsere Wahrnehmung der Realität prägt.

Diese Frage ist viel umfassender und komplexer, als sie auf den ersten Blick erscheinen mag. Warum ist das Universum um uns herum so, wie wir es beobachten? Warum funktionieren physikalische Gesetze nach diesen Prinzipien? Warum ist alles so, wie es ist, und nicht anders?

Wie wir bereits gesehen haben, erhält diese Entität in der Box (Ihr Gehirn) Informationen indirekt, durch die Sinne. Aber Sie gehen davon aus, dass sie sich in einiger Entfernung von Ihnen befindet, während sie sich in Wirklichkeit in Ihrem Kopf befindet. Schauen Sie sich um: die Straße, der Laternenpfahl, die Apotheke - alles, was Sie je gesehen, gehört oder gefühlt haben, ist nur ein Bild, das von Ihrem Gehirn erzeugt wurde und dessen Grenzen es nie verlassen hat. Ein ganzes Universum in Ihrem Schädel.

Das Boltzmann-Gehirn-Paradoxon

Betrachten wir eines der interessantesten Paradoxien der modernen Physik, das die Intrige um unser Thema weiter anheizt - das Boltzmann-Gehirn-Paradoxon. Dieses Paradoxon stellt unser Verständnis von Entropie und der Wahrscheinlichkeit der Entstehung komplexer Strukturen im Universum in Frage.

Nach dem zweiten Hauptsatz der Thermodynamik nimmt die Entropie - ein Maß für Unordnung - in einem geschlossenen System immer zu. Das bedeutet, dass das Universum im Laufe der Zeit zu einem Zustand maximaler Unordnung tendieren sollte, in dem alle Teilchen gleichmäßig verteilt sind. Aber wie können wir dann die Existenz so komplexer Strukturen wie Galaxien, Sterne, Planeten und letztendlich Leben erklären?

Ludwig Boltzmann, ein österreichischer Physiker des 19. Jahrhunderts, schlug die Hypothese vor, dass in einem Universum mit einer ausreichend großen Anzahl von Teilchen und Zeit zufällige Schwankungen zur Bildung komplexer Strukturen führen können, auch wenn sie unwahrscheinlich sind (d. h. es gibt immer eine Wahrscheinlichkeit, dass sich im Universum etwas bilden kann, sogar ein Gehirn mit Erinnerungen). Aber nach dieser Hypothese ist ein wahrscheinlicheres Ergebnis einer zufälligen Schwankung nicht ein ganzes Universum, sondern nur ein selbstbewusstes Gehirn, das spontan aus dem Chaos entstanden ist und alle Erinnerungen und Erfahrungen hat, die wir haben.

Dieses Gehirn, bekannt als "Boltzmann-Gehirn", ist eine Art Absurdität, die unser Verständnis der Realität in Frage stellt. Denn wenn das wahrscheinlichere Ergebnis einer zufälligen Schwankung ein einzelnes einsames Gehirn ist, warum beobachten wir dann ein ganzes Universum um uns herum, gefüllt mit Galaxien, Sternen, Planeten und Leben?

Natürlich ist dies nur ein Paradoxon, eine Art Gedankenexperiment, das uns über die Natur der Realität und unseren Platz darin nachdenken lässt. Es unterstreicht, wie wenig wir über das Universum wissen und wie viele ungelöste Rätsel es noch gibt.

Zweifel als Motor des Fortschritts

Zweifel ist nicht nur ein normaler Bestandteil des menschlichen Denkens, sondern auch ein wahrer Motor des Fortschritts. Er kann zur Entdeckung neuer Wahrheiten und zur Enthüllung des Unbekannten führen. Zum Beispiel führten Newtons Zweifel und seine Suche nach der Wahrheit zur Formulierung des Gesetzes der universellen Gravitation, das unser Verständnis der physischen Welt veränderte. Ebenso stimulierten Einsteins Zweifel ihn zur Schaffung der Relativitätstheorie, die unser Verständnis von Raum und Zeit revolutionierte.

Zweifel können jedoch auch zu falschen Schlussfolgerungen und fantastischen Theorien führen. Zum Beispiel zeigt der Glaube an die Theorie der flachen Erde oder die Existenz von Reptilien, dass Zweifel zerstörerisch sein kann, wenn er nicht durch wissenschaftliche Fakten und Beweise gestützt wird.

Dennoch ist es wichtig zu verstehen, dass Zweifel nicht nur ein Ausdruck von Misstrauen ist, sondern auch der Schlüssel zu kritischem Denken und der Suche nach Wahrheit. Zweifel können uns zu Forschung, Analyse und Überdenken bestehender Konzepte und Überzeugungen anregen. Sie können uns zu einem tieferen Verständnis der Welt um uns herum und zur Entwicklung neuer Ideen und Theorien führen.

René Descartes' Methode, die er in seinen "Meditationen über die erste Philosophie" formulierte, spielte eine bedeutende Rolle in der Entwicklung der Philosophie und Wissenschaft in der Neuzeit. Diese Methode besteht darin, alles anzuzweifeln, sogar die eigene Existenz, und dann danach zu streben, eine unbezweifelbare Grundlage für bestimmte Wahrheit zu finden. Doch gerade im Prozess dieses Zweifels kam Descartes zu dem Schluss, dass die grundlegendste und unmittelbarste Wahrheit für ihn darin besteht, dass er existiert.

Historisch gesehen wurden diese Worte "Cogito, ergo sum" ("Ich denke, also bin ich") zu einem Wendepunkt in der Entwicklung der westlichen Philosophie, da sie die Möglichkeit demonstrieren, das Denken als eine Möglichkeit zu nutzen, die Welt und sich selbst zu erkennen. Descartes glaubte, dass diese unbezweifelbare Wahrheit über die Existenz grundlegend für jedes Verständnis der Welt ist.

Bewusstsein und Wissenschaft

Bewusstsein ist nicht nur ein abstraktes Konzept, das nur in philosophischen Abhandlungen existiert. Es ist ein reales, greifbares Phänomen, das wir jeden Moment unseres Lebens erfahren. Obwohl viele glauben, dass Bewusstsein etwas Ephemeres und jenseits wissenschaftlicher Analyse ist, ist dies weit von der Wahrheit entfernt.

Max Planck, einer der bedeutendsten Physiker des 20. Jahrhunderts, betrachtete das Bewusstsein als fundamentale Grundlage des Seins. Er sagte: "Ich betrachte das Bewusstsein als fundamental. Ich betrachte Materie als vom Bewusstsein abgeleitet. Wir können nicht hinter das Bewusstsein gelangen. Alles, worüber wir sprechen, alles, was wir als existent betrachten, postuliert Bewusstsein."

Wie gewöhnliche Materie, auf eine bestimmte Weise angeordnet, subjektive Erfahrung hervorbringen kann, ist eine grundlegende Frage, die selbst die prominentesten Wissenschaftler und Philosophen verblüfft. Roger Penrose, ein prominenter Physiker und Mathematiker, äußert Zweifel daran, dass die natürliche Selektion die Entstehung von Algorithmen erklären kann, die zu einer bewussten Bewertung anderer Algorithmen fähig sind.

Das Paradoxon des Bewusstseins liegt darin, dass es gleichzeitig das Offensichtlichste und das Mysteriöseste auf der Welt ist. Wir können die Existenz unseres eigenen Bewusstseins nicht bezweifeln, aber gleichzeitig können wir es nicht mit wissenschaftlichen Methoden erklären.

Subjektive Erfahrung ist die Grundlage unseres Wissens über die Welt, bleibt aber gleichzeitig außerhalb des Bereichs wissenschaftlicher Erklärung. Wie Schopenhauer schrieb, weiß das Subjekt alles, bleibt aber selbst unbekannt.

Das Gehirn, dieses drei Pfund schwere Organ, ist in der Lage, das gesamte Spektrum menschlicher Erfahrung zu erzeugen, aber der Mechanismus dieses Prozesses bleibt eines der größten Rätsel der Wissenschaft.

Stellen Sie sich vor, Sie würden in Atome zerlegt und dann wieder zusammengesetzt.

Würden Sie dieselbe Person bleiben, die Sie vorher waren? Oder wäre es eine andere Person mit anderen Gedanken, Gefühlen und Erinnerungen?

Dies ist eine Frage, die Philosophen und Wissenschaftler seit Jahrhunderten beschäftigt. Das Problem der persönlichen Identität ist eines der komplexesten und mysteriösesten Probleme in der Philosophie. Es liegt in der Tatsache, dass wir Menschen uns selbst als dieselbe Person während unseres gesamten Lebens betrachten, obwohl sich unser Körper und unser Bewusstsein ständig verändern.

Jeden Tag altern wir, unsere Zellen sterben ab und werden durch neue ersetzt, unsere Gedanken und Gefühle ändern sich unter dem Einfluss von Erfahrungen und Umständen. Aber wir fühlen uns immer noch wie dieselben Menschen, die wir gestern, vor einem Jahr, vor zehn Jahren waren.

Was macht uns zu uns? Was sichert unsere persönliche Identität? Sind es unsere Erinnerungen? Unsere Überzeugungen? Unsere Werte? Oder vielleicht ist es nur unsere physische Verkörperung?

Es gibt keine einzige Antwort auf diese Fragen. Philosophen haben verschiedene Theorien der persönlichen Identität vorgeschlagen, aber keine von ihnen ist allgemein anerkannt.

Einige Philosophen glauben, dass unsere Persönlichkeit durch unser Bewusstsein, unsere Gedanken und Gefühle bestimmt wird. Andere glauben, dass unsere Persönlichkeit durch unseren Körper, unser physisches Wesen bestimmt wird. Und wieder andere glauben, dass unsere Persönlichkeit mehr ist als nur Bewusstsein oder Körper, sie ist etwas, das durch ihre Interaktion entsteht.

Das Problem der persönlichen Identität ist nicht nur eine abstrakte philosophische Frage. Es hat wichtige praktische Auswirkungen. Zum Beispiel beeinflusst es unser Verständnis von Verantwortung und Bestrafung. Wenn sich eine Person verändert hat, kann sie dann für ihre vergangenen Handlungen verantwortlich gemacht werden?

Das Geheimnis der subjektiven Erfahrung

Das Geheimnis der subjektiven Erfahrung bleibt eines der faszinierendsten und komplexesten Probleme in der Philosophie des Bewusstseins. Das Beispiel der Fledermaus, vorgeschlagen von Thomas Nagel, unterstreicht die grundsätzliche Unmöglichkeit, die Erfahrung eines anderen Wesens vollständig zu verstehen und zu erleben, selbst wenn wir detailliertes Wissen über seine Biologie und sein Verhalten haben. Dies gilt nicht nur für Tiere, sondern auch für andere Menschen. Jeder von uns hat seine eigene einzigartige innere Welt, die für andere nicht vollständig zugänglich ist.

Das Beispiel mit der Farbe Rot zeigt, dass subjektive Erfahrung nicht auf objektive physikalische Eigenschaften reduziert werden kann. Wir können alles über die Wellenlänge des Lichts wissen, aber das wird uns nicht helfen, die Empfindung von Rot einer Person zu vermitteln, die es noch nie gesehen hat. Diese Kluft zwischen objektivem Wissen und subjektiver Erfahrung ist ein zentraler Aspekt des Bewusstseinsproblems.

Dieses Problem hat wichtige Auswirkungen auf unser Verständnis von uns selbst und anderen. Es stellt die Möglichkeit eines vollständigen gegenseitigen Verständnisses und Einfühlungsvermögens in Frage, da wir niemals vollständig erleben können, was eine andere Person erlebt. Es betont auch die Einzigartigkeit jedes Bewusstseins und die Bedeutung individueller Erfahrung.

Bewusstsein – Ein Epiphänomen? Das Geheimnis des Einflusses von Gedanken auf die Realität.

Nach dem Epiphänomenalismus haben unsere Gedanken, Gefühle und Wünsche keine wirkliche kausale Kraft. Sie sind lediglich Epiphänomene, eine Art "Abgas" der Gehirnaktivität, die unsere Handlungen und Entscheidungen nicht beeinflussen. Stattdessen werden unsere Handlungen durch physische und biochemische Prozesse im Körper bestimmt, die unabhängig von unserem Bewusstsein ablaufen.

Wenn wir zum Beispiel Angst erleben, ist dies keine bewusste Entscheidung, sondern das Ergebnis der Freisetzung von Adrenalin und anderen Stresshormonen, die unseren Körper auf die "Kampf-oder-Flucht"-Reaktion vorbereiten. Unsere Gedanken und Gefühle der Angst sind lediglich Epiphänomene dieser physischen Prozesse, die keinen wirklichen Einfluss auf unser Verhalten haben.

Eine solche Sichtweise des Bewusstseins untergräbt unser übliches Verständnis von uns selbst als bewusste Agenten, die in der Lage sind, freie Entscheidungen zu treffen und die Welt um uns herum zu beeinflussen. Wenn unsere Gedanken und Gefühle keine wirkliche kausale Kraft haben, wer ist dann für unsere Handlungen verantwortlich? Können wir überhaupt von freiem Willen sprechen, wenn unser Verhalten vollständig durch physikalische Gesetze bestimmt ist?

Der Epiphänomenalismus wirft viele Fragen und Zweifel auf. Wenn Bewusstsein keine kausale Kraft hat, warum existiert es dann überhaupt? Welche Rolle spielt es in der Evolution und im Leben eines Menschen? Können wir unseren Gedanken und Gefühlen überhaupt vertrauen, wenn sie nur eine Illusion sind, die von unserem Gehirn erzeugt wird?

Einige Wissenschaftler und Philosophen gehen noch weiter und schlagen vor, das Konzept des Bewusstseins ganz aufzugeben, da es ein unnötiges und irreführendes Konzept ist. Sie argumentieren, dass alle unsere mentalen Phänomene durch physikalische und biologische Prozesse erklärt werden können und dass Bewusstsein nur ein Mythos ist, der uns daran hindert, die wahre Natur des Menschen zu verstehen.

Daniel Dennetts Theorie: Bewusstsein als Illusion?

Daniel Dennett, ein renommierter amerikanischer Philosoph und Kognitivist, schlägt eine radikal neue Sichtweise der Natur des Bewusstseins vor. In seinem Buch "Consciousness Explained" argumentiert er, dass Bewusstsein kein einzelnes, einheitliches Phänomen ist, sondern aus einer Vielzahl von Informationsströmen besteht, die ständig um die Aufmerksamkeit des Gehirns konkurrieren. Diese Ströme, wie Programme in einem Computer, bestimmen unser Verhalten und formen unsere Gedanken und Gefühle.

Dennett vergleicht das Bewusstsein mit einer Theaterbühne, auf der verschiedene Informationsströme als Schauspieler agieren und um das Recht wetteifern, gehört und gesehen zu werden. Aber im Gegensatz zum traditionellen Theater, wo es einen Zuschauer gibt, der die Aufführung wahrnimmt, gibt es im Bewusstsein kein zentrales "Ich", das diesen Prozess beobachtet. Bewusstsein ist laut Dennett eine Illusion, die vom Gehirn geschaffen wird, um unterschiedliche Informationsströme zu einem einzigen Ganzen zu vereinen.

Eine solche Sichtweise des Bewusstseins hat weitreichende Folgen. Wenn Dennett Recht hat, dann ist unsere Intuition über die Existenz eines einzigen "Ich" falsch. Wir sind keine autonomen Subjekte, die unser Leben bewusst kontrollieren, sondern eher eine Sammlung von Informationsprozessen, die sich ständig verändern und miteinander interagieren.

David Chalmers: Das harte Problem des Bewusstseins

1993 prägte David Chalmers, ein australischer Philosoph und Kognitionswissenschaftler, in seiner Doktorarbeit den Begriff "hartes Problem des Bewusstseins", der zu einem Wendepunkt in der Philosophie des Bewusstseins wurde. Chalmers argumentierte, dass selbst wenn wir die physischen und rechnerischen Prozesse, die im Gehirn ablaufen, detailliert beschreiben könnten, dies nicht die Frage beantworten würde, warum diese Prozesse von subjektiver Erfahrung begleitet werden. Mit anderen Worten, wir können alles darüber wissen, wie das Gehirn funktioniert, welche Neuronen während verschiedener mentaler Prozesse aktiviert werden, welche Bereiche des Gehirns für verschiedene Funktionen verantwortlich sind. Aber das erklärt nicht, warum wir fühlen, was wir fühlen, warum wir subjektive Erfahrung von der Welt haben.

Das harte Problem des Bewusstseins ist nicht nur ein philosophisches Rätsel, es ist auch eine große Herausforderung für die Wissenschaft. Wie können wir etwas so Subjektives und Flüchtiges wie Bewusstsein mit objektiven wissenschaftlichen Methoden untersuchen? Dies ist eine Frage, mit der sich Neurowissenschaftler, Psychologen und Philosophen auseinandersetzen.

Chalmers unterscheidet zwischen "einfachen" und "harten" Problemen des Bewusstseins. Einfache Probleme beziehen sich auf die Funktionsweise des Gehirns, wie es Informationen verarbeitet, Entscheidungen trifft und Verhalten steuert. Diese Probleme können durch wissenschaftliche Forschung gelöst werden. Das harte Problem hingegen bezieht sich auf die Frage, warum und wie physische Prozesse im Gehirn zu subjektiver Erfahrung führen. Warum fühlen wir Schmerzen, sehen Farben, erleben Freude oder Trauer?

Chalmers argumentiert, dass das harte Problem nicht durch eine einfache Erweiterung unserer aktuellen wissenschaftlichen Theorien gelöst werden kann. Es erfordert eine grundlegend neue Herangehensweise, möglicherweise eine Erweiterung unseres Verständnisses der grundlegenden Gesetze der Natur.

Eine mögliche Lösung, die Chalmers vorschlägt, ist der Panpsychismus, die Idee, dass Bewusstsein eine grundlegende Eigenschaft der Realität ist, die in allen Dingen vorhanden ist, nicht nur in Menschen und Tieren. Diese Theorie impliziert, dass selbst Elementarteilchen eine rudimentäre Form von Bewusstsein haben könnten, die sich in komplexeren Organismen zu dem entwickelt, was wir als menschliches Bewusstsein kennen.

Philosophischer Zombie: Die Möglichkeit unbewusster Doppelgänger

Das Konzept des "philosophischen Zombies", das von David Chalmers eingeführt wurde, ist ein Gedankenexperiment, das die Beziehung zwischen Bewusstsein und physischer Realität in Frage stellt. Ein philosophischer Zombie ist ein hypothetisches Wesen, das in jeder Hinsicht mit einem Menschen identisch ist, außer dass es kein Bewusstsein hat. Es verhält sich wie ein Mensch, spricht wie ein Mensch, reagiert auf seine Umgebung, aber es gibt nichts, was es "ist", wie es ist, ein Zombie zu sein.

Wenn solche Zombies möglich sind, argumentiert Chalmers, dann kann Bewusstsein nicht einfach auf physikalische Prozesse im Gehirn reduziert werden. Es muss etwas Zusätzliches geben, das Bewusstsein ausmacht, etwas, das nicht physisch ist.

Dieses Gedankenexperiment hat zu einer lebhaften Debatte in der Philosophie des Geistes geführt. Einige Philosophen argumentieren, dass philosophische Zombies logisch unmöglich sind, da Bewusstsein eine notwendige Folge bestimmter Arten von Gehirnaktivität ist. Andere argumentieren, dass Zombies möglich sind, was darauf hindeutet, dass Bewusstsein nicht einfach auf physikalische Prozesse reduziert werden kann.

Das Konzept des philosophischen Zombies wirft wichtige Fragen über die Natur des Bewusstseins und seine Beziehung zur physischen Welt auf. Es zwingt uns, darüber nachzudenken, was Bewusstsein wirklich ist und ob es etwas gibt, das über die physische Realität hinausgeht.

Probleme der Philosophie: Die Grundlage für Wissenschaft und Verständnis der Welt

Die Philosophie wird oft als abstrakte und von der Realität losgelöste Disziplin wahrgenommen, aber das ist weit von der Wahrheit entfernt. Philosophie ist die Grundlage vieler Wissenschaften und Wissensgebiete, und ihre Probleme haben tiefgreifende Auswirkungen auf unser Verständnis der Welt und uns selbst.

Historisch gesehen war Philosophie die Quelle vieler wissenschaftlicher Entdeckungen und Theorien. Große Denker der Vergangenheit wie Galileo Galilei, Robert Hooke und Isaac Newton betrachteten sich selbst als Philosophen. Sie untersuchten grundlegende Fragen über die Natur von Raum, Zeit und Materie, die damals philosophische Probleme waren. Ihre Reflexionen und Entdeckungen legten den Grundstein für die moderne Physik.

Die Philosophie beschäftigt sich mit komplexen Problemen, die sich einer einfachen wissenschaftlichen Erklärung entziehen. Sie wirft Fragen auf über die Natur der Realität, des Bewusstseins, der Moral, des Wissens, der Wahrheit und vieler anderer grundlegender Aspekte der menschlichen Existenz. Philosophie hilft uns zu verstehen, was wir wissen, wie wir wissen und warum es wichtig ist.

Darüber hinaus spielt die Philosophie eine wichtige Rolle bei der Definition dessen, was wissenschaftlich ist und was nicht. Sie untersucht die Methodik der Wissenschaft, ihre Prinzipien und Grenzen. Philosophie hilft uns zu verstehen, wie Wissenschaft funktioniert, ihre Stärken und Schwächen und wie wir wissenschaftliche Erkenntnisse nutzen können, um die Probleme der Menschheit zu lösen.

Panpsychismus: Bewusstsein als fundamentale Eigenschaft der Realität

David Chalmers, ein renommierter Philosoph des Bewusstseins, schlägt eine radikale Sichtweise der Natur des Bewusstseins vor, die Panpsychismus genannt wird. Nach dieser Theorie ist Bewusstsein keine exklusive Eigenschaft von Menschen oder gar Tieren, sondern ein grundlegendes Merkmal der Realität, das in allen Dingen vorhanden ist, von Elementarteilchen bis hin zu komplexen Organismen.

Chalmers argumentiert, dass traditionelle materialistische Ansätze das Phänomen des Bewusstseins nicht erklären können, weil sie versuchen, es auf physikalische Prozesse im Gehirn zu reduzieren. Bewusstsein kann seiner Meinung nach nicht auf Materie reduziert werden; es ist etwas mehr, etwas Fundamentales.

Der Panpsychismus bietet eine alternative Sichtweise des Bewusstseins und betrachtet es als eine elementare Eigenschaft des Universums, die sich in allen Dingen in unterschiedlichem Maße manifestiert. Beim Menschen mit seinem komplexen Nervensystem manifestiert sich das Bewusstsein am deutlichsten, aber selbst Elementarteilchen können eine Form von primitivem Bewusstsein haben.

Diese Theorie findet Unterstützung in den Worten von Erwin Schrödinger, einem der Schöpfer der Quantenmechanik, der schrieb, dass unser Bewusstsein nicht Teil des wissenschaftlichen Weltbildes sein kann, weil es selbst dieses Bild ist.

Der Panpsychismus findet auch Anklang bei den Gedanken von Stephen Hawking, der in seiner "Kurzen Geschichte der Zeit" feststellte, dass die Wissenschaft nicht erklären kann, warum das Universum existiert und warum es Bewusstsein hat. Vielleicht liegt die Antwort auf diese Frage in der Natur des Bewusstseins selbst, das eine grundlegende Eigenschaft der Realität sein könnte.

Der Weg zur Wahrheit

Wir haben uns auf eine erstaunliche Reise begeben und die Grenzen von Realität und Bewusstsein erforscht. Wir haben die Simulationshypothese betrachtet, über die Natur des Bewusstseins und seine Verbindung zur physischen Welt nachgedacht und uns in die Tiefen philosophischer Probleme vertieft, die die Menschheit seit Jahrhunderten beschäftigen.

Wir haben gesehen, dass Bewusstsein nicht nur ein Produkt des Gehirns ist, sondern etwas mehr, etwas, das über unser Verständnis hinausgeht. Es ist eine Anomalie, die den Gesetzen der Physik widerspricht und uns zwingt, unseren Platz im Universum zu überdenken.

Wir haben über die Fragen "Was bin ich?" und "Was passiert um uns herum?" nachgedacht. Sie führen uns ins Unbekannte und eröffnen neue Horizonte des Wissens.

Aber die Suche nach Antworten endet hier nicht. Im Gegenteil, sie fängt gerade erst an. Jede neue Entdeckung, jede neue Idee bringt uns dem Verständnis des Geheimnisses von Bewusstsein und Realität näher.

Wir können alles bezweifeln, aber wir können unsere eigene Existenz, unser eigenes Bewusstsein nicht bezweifeln. Dies ist die einzige unerschütterliche Wahrheit, von der wir bei unserer Suche ausgehen können.

Leben wir in einer Simulation? Ist Bewusstsein eine grundlegende Eigenschaft der Realität? Werden wir jemals in der Lage sein, das Geheimnis des Bewusstseins vollständig zu lüften?

Auf diese Fragen gibt es noch keine endgültigen Antworten. Aber es ist die Suche nach diesen Antworten, die unser Leben sinnvoll und spannend macht. Es ermutigt uns zu erforschen, zu reflektieren, uns zu entwickeln.

Vielleicht müssen wir, um das Bewusstsein zu verstehen, zuerst den Ursprung von allem verstehen – das Universum, das Leben und den Menschen selbst. Vielleicht liegen die Antworten auf unsere Fragen in den Tiefen des Weltraums, in den Geheimnissen der Evolution, im genetischen Code, der unser Wesen bestimmt.

Im nächsten Kapitel werden wir in die faszinierende Welt der Wissenschaft eintauchen und den Ursprung des Universums, die Entstehung des Lebens und die Evolution des Menschen erforschen. Wir werden versuchen zu verstehen, wie so etwas Komplexes und Erstaunliches wie Bewusstsein aus Chaos und Zufall entstanden ist.

Kapitel 2: Die Einzigartigkeit des Lebens im Universum

Erde - Der Symmetriebrecher des Universums

Die Anzahl intelligenter Zivilisationen im Universum ist gleich der Anzahl bewohnbarer Planeten multipliziert mit der Wahrscheinlichkeit, dass Leben entsteht, multipliziert mit der Wahrscheinlichkeit, dass Intelligenz unter dem Leben entsteht. Wenn Sie jetzt aufstehen und sich im Spiegel betrachten, werden Sie aus Sicht der Materie einen erheblichen "Mangel" sehen. Um zu verstehen, was das bedeutet, muss ich einen sehr populären Mythos über die Materie selbst zerstreuen.

Angenommen, Wasser verwandelt sich beim Gefrieren in Eis und nimmt eine kristalline Form an. Und wir alle glauben von früher Kindheit an aufrichtig, dass Eiskristalle, Schneeflocken oder Muster an gefrorenen Fenstern Beispiele für spontan auftretende Symmetrie in der Natur sind, Beispiele für die Entstehung einer Art harmonischer Struktur im Gegensatz zu der vorherrschenden Unordnung in der Natur.

Aber das ist nicht ganz richtig. Tatsächlich ist alles genau umgekehrt. Ein Kristall ist nicht die Entstehung, sondern das Brechen der Symmetrie, weil Wasser viel isotroper, das heißt, in allen Richtungen viel gleichmäßiger und symmetrischer ist als Eis. Wenn Wasser kristallisiert, organisieren sich die Atome darin selbst zu bestimmten Mustern, und der vom Kristall eingenommene Raum verliert seine Symmetrie und wird periodisch mit einem bestimmten Algorithmus. Dieser Kristallisationsprozess stört die anfängliche räumliche Homogenität des Wassers. Wasser, das vorher in alle Richtungen gleich war, wird zu Eis mit sich wiederholenden Strukturen und Mustern, die klar in bestimmten Richtungen organisiert sind. Somit ist ein Kristall keine Manifestation von Symmetrie, sondern vielmehr deren Verletzung, was zum Auftreten komplexer und schöner Muster führt.

Wenn man unser gesamtes Universum betrachtet, wird man dasselbe bemerken. Das Universum ist ziemlich homogen. Es spielt keine Rolle, wo Sie sind – hier, dort oder irgendwo anders – im Durchschnitt werden Sie ungefähr das gleiche Bild beobachten, unabhängig vom Beobachtungsort. Wenn Sie aus dem Fenster in den Sternenhimmel schauen, werden Sie feststellen, dass der Teil des Universums, den wir sehen können, ein gutes Beispiel ist. Wenn Sie von der anderen Seite der Galaxie aus dem Fenster schauen würden, würden Sie ungefähr dasselbe sehen.

Aber wenn das Universum so homogen ist, was machen Sie dann hier? So wie Eis die Symmetrie des Wassers bricht, brechen Galaxien, Sterne und Planeten die Symmetrie des Universums. Nichts bricht sie jedoch mit ihrer Existenz so sehr wie der Mensch.

Stanisław Lem stellt in seinem monumentalen Werk "Summa Technologiae" die Frage: "Ist unsere Zivilisation ein gewöhnliches oder außergewöhnliches Phänomen? Entsprechen wir den im Universum akzeptierten Entwicklungnormen oder sind wir eine Abweichung, eine Missbildung?"

Wir verstehen, wie und warum der Prozess der Wasserkristallisation abläuft, wir verstehen, wie und warum verschiedene kosmische Körper entstehen, aber lassen Sie sich nicht täuschen: Wir verstehen absolut nicht, wie und warum wir erschienen sind. Unsere Existenz, unser Bewusstsein, unsere Fähigkeit zur Selbstreflexion und Kreativität – all das scheint ein unglaublicher Zufall zu sein, angesichts der Weite und Homogenität des Universums.

Die Seltene-Erde-Hypothese

Die Seltene-Erde-Hypothese basiert auf der Idee, dass die Entstehung und Entwicklung komplexen Lebens eine Kombination vieler Faktoren erfordert, die im Weltraum selten gleichzeitig gefunden werden. Zu diesen Faktoren gehören nicht nur das Vorhandensein von Wasser und einer Atmosphäre, sondern auch spezifischere Bedingungen wie die Stabilität des Sterns, der optimale Abstand von ihm, das Vorhandensein eines großen Mondes, tektonische Aktivität und andere.

Peter Ward und Donald Brownlee argumentieren, dass die Erde in der "Goldlöckchen-Zone" gelandet ist – einer Region des Weltraums, in der alle notwendigen Faktoren in einer perfekten Kombination zusammenkamen. Unser Planet hat eine stabile Umlaufbahn um die Sonne, einen Stern mittlerer Größe und mittleren Alters, der einen konstanten Energiefluss liefert. Die Erde hat genug Masse, um eine Atmosphäre zu halten, aber nicht so viel, dass sie zu einem Gasriesen wird. Der Mond stabilisiert die Neigung der Erdachse und verhindert so starke Klimaveränderungen. Tektonische Aktivität sorgt für die Zirkulation von Substanzen und erhält ein stabiles Klima aufrecht.

Die Autoren der Hypothese betonen, dass selbst geringfügige Abweichungen von diesen idealen Bedingungen einen Planeten für komplexes Leben ungeeignet machen können. Wenn ein Stern beispielsweise zu aktiv ist, kann er die Atmosphäre des Planeten verbrennen oder ihn tödlicher Strahlung aussetzen. Wenn ein Planet keinen großen Mond hat, kann seine Achse chaotisch schwingen, was zu extremen Klimaveränderungen führt. Wenn es keine Plattentektonik gibt, kann der Planet seine Atmosphäre verlieren oder sich in eine sengende Wüste verwandeln.

Das Prinzip der Mittelmäßigkeit vs. Die Einzigartigkeit der Erde

Wie oft haben Sie gehört, dass die Erde nur ein gewöhnlicher felsiger Planet in einem typischen Planetensystem ist, das sich in einer unauffälligen Region einer der unzähligen Spiralgalaxien befindet? Diese Ansicht, bekannt als das Prinzip der Mittelmäßigkeit oder das kopernikanische Prinzip, ist unter vielen Wissenschaftlern verbreitet, darunter Carl Sagan und Frank Drake. Sie glaubten, dass angesichts der großen Anzahl von Sternen und Planeten im Universum Leben ein weit verbreitetes Phänomen sein muss.

Es gibt jedoch eine gegenteilige Sichtweise, die in dem Buch "Rare Earth" von Peter Ward und Donald Brownlee vorgestellt wird. Sie argumentieren, dass die Erde nicht nur ein gewöhnlicher Planet ist, sondern das Ergebnis eines unglaublichen Zufalls von Umständen, der sie einzigartig und vielleicht der einzige Ort im Universum macht, an dem komplexes Leben hätte entstehen können.

Die Autoren des Buches betonen, dass das Sonnensystem und unsere Galaxie mehrere Merkmale aufweisen, die sie untypisch machen. Zum Beispiel ist die Sonne ein stabiler Stern mit mäßiger Aktivität, der stabile Bedingungen für das Leben auf der Erde bietet. Jupiter, der größte Planet im Sonnensystem, fungiert als "kosmischer Schild", der die Erde vor Asteroiden und Kometen schützt. Die Milchstraße ist eine Spiralgalaxie mit einer moderaten Anzahl von Sternen, wodurch das Risiko von Supernova-Explosionen und anderen kosmischen Katastrophen verringert wird.

Ein Planetensystem, das in der Lage ist, komplexes Leben zu unterstützen, muss in der Tat einen Planeten in der sogenannten "Goldlöckchen-Zone" haben - der Region um einen Stern, in der die Temperatur die Existenz von flüssigem Wasser ermöglicht. Diese Bedingung ist notwendig, weil Wasser ein universelles Lösungsmittel und das Medium für viele biochemische Reaktionen ist, die dem Leben, wie wir es kennen, zugrunde liegen.

Die Einzigartigkeit der Erde liegt nicht nur in ihrer Lage in der Goldlöckchen-Zone, sondern auch in der Stabilität ihrer Umlaufbahn. Dank ihrer nahezu kreisförmigen Umlaufbahn entfernt sich die Erde nie so weit von der Sonne, dass Wasser gefriert, und sie kommt ihr nie so nahe, dass es verdunstet. Dies gewährleistet ein stabiles Klima, das für die Entwicklung und Erhaltung des Lebens notwendig ist.

Obwohl ein Planet in der Goldlöckchen-Zone eine notwendige Bedingung für Leben ist, ist er nicht ausreichend. Es gibt viele andere Faktoren, die ebenfalls eine wichtige Rolle spielen. Zum Beispiel die Zusammensetzung der Atmosphäre, das Vorhandensein eines Magnetfelds, tektonische Aktivität, der Einfluss von Monden und andere.

Selbst wenn sich ein Planet in der Goldlöckchen-Zone befindet, aber kein schützendes Magnetfeld hat, wird er von kosmischer Strahlung bombardiert, die die Entwicklung des Lebens behindern kann. Wenn ein Planet keine tektonische Aktivität hat, wird er nicht in der Lage sein, ein stabiles Klima und die für das Leben notwendige Zirkulation von Substanzen aufrechtzuerhalten.

Die galaktische bewohnbare Zone

Aber für das Leben, wie Sie bald verstehen werden, ist dies katastrophal unzureichend. Aus Sicht der Autoren von "Rare Earth" ist die bewohnbare Zone innerhalb ihres Sterns nicht die einzige bewohnbare Zone, in der sie sich befinden muss. Unser gesamtes Sonnensystem hatte auch das Glück, sich in der bewohnbaren Zone der gesamten Galaxie zu befinden.

Unser Sonnensystem dreht sich um das Zentrum der Galaxie mit einer Geschwindigkeit von einer vollen Umdrehung in ungefähr 235 Millionen Jahren. Das bedeutet, dass es seit dem Erscheinen der Ozeane auf der Erde diese gesamte Strecke 17 Mal zurückgelegt hat, seit dem Erscheinen der ersten zuverlässigen Lebensspuren 15 Mal und seit dem Erscheinen der ersten mehrzelligen Organismen etwa 7 Mal. Und das ist kein entspannter Flug, wissen Sie. Die Weiten der Galaxie bergen viele schreckliche Dinge, die für unser winziges Sonnensystem absolut tödlich sind, besonders über einen so langen Zeitraum. Dennoch ist das Leben immer noch hier. Verstehen Sie?

Die toten Zonen der Galaxie

Der Großteil jeder Galaxie ist eine tote Zone, die kein komplexes Leben unterstützen kann. Je näher am Zentrum der Galaxie, desto stärker sind die schädlichen Auswirkungen von Röntgen- und Gammastrahlung, die von Schwarzen Löchern und Neutronensternen erzeugt werden, die umso zahlreicher sind, je näher wir dem galaktischen Zentrum sind. Je näher wir dem galaktischen Zentrum sind, desto häufiger treten in der Nähe Supernova-Explosionen auf – eine weitere angenehme Sache, die ganze Welten in einer Entfernung von vielen Lichtjahren zerstören kann.

Es gibt viele Sterne in Galaxien und noch mehr Planeten um diese Sterne herum. Das bedeutet, dass das Leben in der gesamten Milchstraße nur so wimmeln sollte. Aber wenn wir das sagen, irren wir uns höchstwahrscheinlich, weil der Großteil der Sterne näher an der Mitte konzentriert ist (was nicht verwunderlich ist) und dort der eigentliche Fleischwolf stattfindet.

Darüber hinaus bedeutet die hohe Sterndichte näher am Zentrum oder in den Spiralarmen der Galaxie große Gravitationsstörungen. Das heißt, selbst wenn ein Planet seinen Stern in einem optimalen Abstand umkreist, wird all diese Feinabstimmung gestört, wenn ein anderer Stern oder etwas Schlimmeres in der Nähe vorbeifliegt. Im Allgemeinen ist es schlecht, zu nahe am Zentrum der Galaxie zu sein.

Zu weit weg zu sein ist jedoch auch schlecht. Mit der Entfernung vom galaktischen Zentrum nimmt die Metallizität der Sterne ab, und Metalle sind für die Bildung von terrestrischen Planeten äußerst notwendig.

Jüngste Studien deuten darauf hin, dass die Ausdehnung der galaktischen bewohnbaren Zone etwa 7-9 Kiloparsec vom Zentrum der Galaxie entfernt ist. Aber einfach ausgedrückt fallen nicht mehr als 10 % der Sterne in der Milchstraße in diese Zone. Andere Studien deuten darauf hin, dass nur 5 % der Sterne für den Ursprung des Lebens geeignet sind.

Daher muss ein für das Leben geeignetes Planetensystem über Milliarden von Jahren stabile günstige Bedingungen aufrechterhalten, damit sich komplexes Leben entwickeln kann. Daher ist es wünschenswert, dass ein lebenserhaltender Stern eine nahezu perfekt kreisförmige Umlaufbahn um das Zentrum der Galaxie hat und außerdem seine Rotationsgeschwindigkeit mit der Rotationsgeschwindigkeit der Spiralarme synchronisiert werden sollte, damit er, wie Sie verstehen, dichte Sternhaufen so selten wie möglich durchquert. Und unser Sonnensystem befindet sich genau in der bewohnbaren Zone der gesamten Galaxie. Die Umlaufbahn der Sonne um das Zentrum der Milchstraße ist nahezu perfekt kreisförmig mit einer Umlaufzeit von 235 Millionen Jahren, was ungefähr der Umlaufzeit der Galaxie entspricht.

Unser Planet hatte das Glück, sich in der Goldlöckchen-Zone seines Sternensystems zu befinden, das wiederum das Glück hatte, sich in der Goldlöckchen-Zone seiner Galaxie zu befinden. Aber das ist noch nicht alles.

Die Einzigartigkeit der Milchstraße

Unsere kosmische Heimat, die Milchstraße, entpuppt sich nicht nur als eine weitere Spiralgalaxie unter Milliarden anderer. Sie ist eine wahre Ausnahme, eine einzigartige Formation, die eine Schlüsselrolle bei der Entstehung des Lebens auf der Erde gespielt hat.

Bedenken Sie Folgendes: Seit zehn Milliarden Jahren ist die Milchstraße nicht mit anderen Galaxien kollidiert. Dies ist eine phänomenale Periode kosmischer Ruhe, die es unserer Galaxie ermöglicht hat, katastrophale Kollisionen zu vermeiden, die zur Zerstörung von Planetensystemen und zum Aussterben potenziellen Lebens hätten führen können.

Diese lange Isolation hat die Milchstraße ungewöhnlich ruhig und dunkel gemacht. Es fehlen aktive galaktische Kerne, die starke Energieströme aussenden, und andere Quellen kosmischer Strahlung, die für das Leben schädlich sein könnten. Nur sieben Prozent der Galaxien im Universum können sich einer so friedlichen Geschichte rühmen.

Dieses einzigartige Merkmal der Milchstraße hat direkte Auswirkungen auf die Möglichkeit der Existenz von Leben. Schließlich können hohe Strahlungswerte und häufige kosmische Katastrophen die Bildung stabiler Planetensysteme und die Entwicklung des Lebens auf ihnen behindern.

Was ist mit der Hälfte der Sterne im Kosmos los?

Das vertraute Bild eines einzelnen Sterns wie unserer Sonne erweist sich als nicht so häufig, wie wir dachten. Mehr als die Hälfte der Sternensysteme in unserer Galaxie sind binär oder multipel, d.h. sie bestehen aus zwei, drei oder sogar mehr Sternen, die einen gemeinsamen Schwerpunkt umkreisen.

Diese Entdeckung stellt die Vorstellung in Frage, dass Planetensysteme wie unseres im Universum typisch sind. In Doppel- und Mehrfachsystemen schafft die Gravitationswechselwirkung zwischen Sternen komplexe und instabile Bedingungen für die Bildung und Existenz von Planeten.

Planeten in solchen Systemen können chaotische Umlaufbahnen haben, die sich unter dem Einfluss der Schwerkraft mehrerer Sterne ständig ändern. Dies kann zu extremen Temperaturschwankungen, Kollisionen mit anderen Himmelskörpern und anderen katastrophalen Ereignissen führen, die Leben auf solchen Planeten praktisch unmöglich machen.

Selbst wenn sich ein Planet in einem Doppel- oder Mehrfachsystem in der bewohnbaren Zone eines der Sterne befindet, kann seine Umlaufbahn instabil sein und sich im Laufe der Zeit ändern, was dazu führt, dass der Planet diese Zone verlässt. Darüber hinaus kann der Gravitationseinfluss anderer Sterne

Gezeitenkräfte verursachen, die zu vulkanischer Aktivität, Erdbeben und anderen Katastrophen führen.

Die Einzigartigkeit der Sonne

Unsere Sonne, obwohl sie am Nachthimmel wie ein gewöhnlicher Stern erscheint, hat tatsächlich eine Reihe einzigartiger Eigenschaften, die sie zu einer idealen Energiequelle für das Leben auf der Erde machen.

Erstens ist die Sonne ein äußerst stabiler Stern. Ihre Leuchtkraft ändert sich nur um ein Zehntel Prozent, was einen konstanten und gleichmäßigen Energiefluss zur Erde gewährleistet. Dies ist entscheidend für die Aufrechterhaltung eines stabilen Klimas und der Bedingungen, die für das Leben notwendig sind.

Zweitens hat die Sonne eine optimale Masse. Sterne mit einer größeren Masse als die Sonne leben viel kürzer, brennen schnell aus und verwandeln sich in Supernovae. Sterne mit einer kleineren Masse, rote Zwerge, leben zwar länger, emittieren aber wenig Energie und haben enge bewohnbare Zonen, wodurch die Bedingungen auf Planeten um sie herum für das Leben ungeeignet sind. Die Sonne mit ihrer Masse liefert genug Energie, um das Leben für Milliarden von Jahren zu unterstützen.

Drittens ist die Sonne ein gelber Zwerg – ein Sterntyp, der die optimale Temperatur und Größe hat, um eine breite bewohnbare Zone zu schaffen. Planeten in dieser Zone können stabile Umlaufbahnen und ein für die Entwicklung des Lebens günstiges Klima haben.

Viertens wurde bisher kein Zwillingsstern der Sonne in Bezug auf Größe, Leuchtkraft, Temperatur, Alter und Metallizität gefunden. Die Metallizität eines Sterns ist der Gehalt an Elementen, die schwerer als Helium sind. Eine hohe Metallizität ist notwendig für die Bildung von Planeten sowie für die Gewährleistung der Stabilität der Leuchtkraft des Sterns.

Rote Riesen vs. Rote Zwerge

Je größer der Stern, desto breiter ist seine bewohnbare Zone, und daher ist die Wahrscheinlichkeit der Entstehung von Leben selbst höher. Nun ja, wenn wir über Temperatur sprechen. Je größer der Stern jedoch ist, desto stärker ist die ultraviolette Strahlung und desto schneller verbrennt er seinen gesamten Brennstoff und verwandelt sich in einen Roten Riesen. Zum Beispiel ist unser geliebter Beteigeuze im Begriff zu sterben, nachdem er nur etwa 10 Millionen Jahre gelebt hat. Zum Vergleich: Die Sonne ist 500 Mal langlebiger.

Abgesehen von der Strahlung wird das einfachste Leben in der Nähe supermassiver Sterne höchstwahrscheinlich einfach keine Zeit haben, sich zu entwickeln.

Nehmen wir dann rote Zwerge, den häufigsten Sterntyp im Universum. Sie scheinen attraktive Kandidaten für die Suche nach Leben zu sein. Sie haben eine schwache Strahlung, was das Risiko schädlicher Auswirkungen auf biologische Moleküle verringert, und einen unglaublich langen Lebenszyklus, der Billionen von Jahren erreicht. Im Gegensatz zu massereichen Sternen verwandeln sich rote Zwerge niemals in rote Riesen, was sie zu stabileren Nachbarn für Planeten macht.

Ihre niedrige Temperatur und Trübung schaffen jedoch erhebliche Hindernisse für die Entwicklung des Lebens. Um genügend Wärme und Licht zu erhalten, muss ein Planet einem roten Zwerg sehr nahe sein, was zu zwei Hauptproblemen führt:

- **Gezeitenbindung:** In so geringer Entfernung gerät der Planet in die Gezeitenbindung des Sterns und zwingt ihn, sich synchron mit seiner Orbitalbewegung zu drehen. Das bedeutet, dass eine Seite des Planeten immer dem Stern zugewandt ist und die andere immer abgewandt ist, was zu extremen Temperaturkontrasten führt. Selbst wenn die Temperatur in der Terminatorzone (dem Streifen zwischen Licht und Dunkelheit) theoretisch für das Leben geeignet sein könnte, zerstört der starke Sternwind des roten Zwergs, der nicht viel schwächer ist als der Sonnenwind, alle Chancen seiner Entwicklung.
- **Supererden:** Beobachtungen von Exoplaneten um rote Zwerge haben gezeigt, dass die meisten von ihnen Supererden sind – Planeten, die deutlich größer als die Erde, aber kleiner als Gasriesen sind. Solche Planeten haben eine viel stärkere Schwerkraft als die Erde, was die Entwicklung komplexer Lebensformen erschweren kann. Darüber hinaus haben Supererden oft eine dichte Atmosphäre, die einen Treibhauseffekt erzeugen und die Bildung eines stabilen Klimas verhindern kann.

Diese Probleme machen rote Zwerge zu weniger attraktiven Kandidaten für die Suche nach Leben als sonnenähnliche Sterne. Obwohl sie einige Vorteile haben, wie Langlebigkeit und Stabilität, machen ihre Nachteile sie für die Entwicklung komplexen Lebens weniger günstig.

Die Einzigartigkeit der Planeten im Sonnensystem

Unser Sonnensystem, das wir oft als typisch betrachten, weist tatsächlich mehrere Merkmale auf, die es im Vergleich zu anderen bekannten Planetensystemen recht ungewöhnlich machen.

Erstens zeichnet sich das Sonnensystem durch eine große Vielfalt an Planeten aus. Von winzigem Merkur bis zu den Gasriesen Jupiter und Saturn haben unsere Planeten unterschiedliche Größen, Zusammensetzungen und Umlaufbahneigenschaften. Dies steht im Gegensatz zu den meisten bekannten exoplanetaren Systemen, in denen Supererden – Planeten, die zwischen Erde und Neptun liegen – vorherrschen.

Zweitens ist das Vorhandensein von zwei Gasriesen, Jupiter und Saturn, mit relativ kreisförmigen Umlaufbahnen in großer Entfernung von der Sonne ebenfalls ein seltenes Phänomen. Gasriesen kommen nur in 10 % der bekannten Planetensysteme vor und haben normalerweise exzentrischere Umlaufbahnen und befinden sich näher an ihren Sternen.

Der Ursprung einer solch ungewöhnlichen Architektur des Sonnensystems ist noch Gegenstand wissenschaftlicher Debatten. Es gibt verschiedene Theorien, die zu erklären versuchen, wie sich unsere Planeten gebildet haben und warum sie so unterschiedliche Eigenschaften haben.

Eine Theorie besagt, dass sich die Gasriesen zunächst näher an der Sonne gebildet haben und dann auf ihre aktuellen Umlaufbahnen gewandert sind, wobei sie kleinere Planeten, die sich in ihrem Weg befanden, zerstreut oder absorbiert haben. Eine andere Theorie argumentiert, dass sich die Gasriesen in ihren aktuellen Umlaufbahnen gebildet haben, aber ihre Entstehung war ein einzigartiger Prozess, der sich in anderen Planetensystemen nicht wiederholt.

Ungelöste Rätsel des Sonnensystems

Und wie viele Variablen bleiben unklar? Schließlich listen die Autoren von "Rare Earth" nur das auf, was mehr oder weniger an der Oberfläche liegt. Zum Beispiel der riesige Erdkern. Aus irgendeinem Grund ist er größer als erwartet, und wahrscheinlich haben wir ihm zu verdanken, dass wir ein Magnetfeld haben, das uns vor Sonnenwind und kosmischer Strahlung schützt. Ohne Magnetfeld würde die Erdatmosphäre vom Sonnenwind weggeblasen, wie es beim Mars passiert ist.

Oder nehmen Sie den Mond. Es ist nicht nur ein Satellit; es stabilisiert die Rotationsachse der Erde und sorgt für ein stabiles Klima. Ohne den Mond könnte die Erde wie ein Kreisel taumeln, was zu katastrophalen Klimaveränderungen führen würde.

Oder hier noch eine: Die Erde befindet sich in perfekter Entfernung von der Sonne, sodass die Temperatur auf ihrer Oberfläche hoch genug für die Existenz von flüssigem Wasser ist, aber nicht so hoch, dass das Wasser verdunstet.

Und das sind nur einige der Faktoren, die unseren Planeten einzigartig machen. Vielleicht gibt es viele andere unbekannte Faktoren, die auch bei der Entstehung des Lebens auf der Erde eine Rolle gespielt haben.

Schauen Sie sich einfach die anderen Gesteinsplaneten im Sonnensystem an. Merkur und Venus haben überhaupt keine Monde. Schauen Sie sich die Monde des Mars, Phobos und Deimos, an. Sie sind nicht einmal kugelförmig, weil sie keine Monde sind, sondern einfach Asteroiden, die von der Schwerkraft eingefangen wurden. Der Durchmesser von Phobos beträgt 22 Kilometer und der von Deimos nur 12 Kilometer.

Auf der anderen Seite ist der Erdmond im Verhältnis zur Größe seines Planeten der größte natürliche Satellit im Sonnensystem. Es ist 27% so groß wie die Erde. Pluto, der bis 2006 als klassischer Planet galt, ist etwa sechsmal weniger massereich als der Mond.

Die Entstehung eines solchen Satelliten ist an sich schon ein Rätsel. Es wurde entdeckt, dass Proben von Mondgestein, die von Apollo-Astronauten entnommen wurden, in ihrer Zusammensetzung der Erdkruste verdächtig ähnlich sind. Daher ist die bisher beste Theorie für das Auftreten des Mondes die Riesenimpakthypothese. Dies ist ein hypothetischer alter Planet von der Größe des Mars, der vor etwa viereinhalb Milliarden Jahren angeblich mit der Erde kollidiert ist. Beim Aufprall vermischten sich Kern und Mantel von Theia mit Kern und Mantel der Erde, daher ist es sehr wahrscheinlich, dass wir hier zwei Planeten unter unseren Füßen haben. Daher der große Erdkern.

Der Einfluss des Mondes auf die Erde

Und was ist mit den Trümmern der Kollision, die den Mond gebildet haben? Na und? Die Tatsache, dass ein so großer Satellit Gezeiten verursacht. Darwin selbst schlug vor, dass das einfachste Leben zuerst in einem der Becken entstand, die als Ergebnis der Gezeitenwechselwirkungen des Mondes entstanden sind. Darüber hinaus glauben einige Wissenschaftler, dass nach der Entstehung des Lebens im Wasser seine weitere Ausbreitung vom Ozean auf das Land auch durch den Gravitationseinfluss des Mondes hervorgerufen wurde.

Vor vier Milliarden Jahren sah der Mond am Himmel ganz anders aus als heute. Sein Gravitationseinfluss war viel stärker und verursachte ganz andere Gezeiten als die, die wir gewohnt sind. Riesige Gezeiten warfen lebende Organismen an Land, wo sie starben. Dieser Prozess dauerte an, bis einige Organismen nützliche Mutationen entwickelten, die es ihnen ermöglichten, unter diesen Bedingungen zu überleben. Dies führte zum allmählichen adaptiven Übergang des Lebens von der aquatischen Umwelt zum Land.

Aber selbst die Ozeane auf dem Planeten ... Daten aus dem Jahr 2019 deuten darauf hin, dass Theia sich im äußeren Sonnensystem gebildet haben könnte und ein Großteil des Wassers der Erde von dort stammt. Vielleicht sind die Ozeane, die Sie sehen, also nicht in diesen Gegenden beheimatet.

Die Autoren von "Rare Earth" stellen fest, dass ein großer Satellit die Plattentektonik erhöht, die für die Biodiversität und den Kohlenstoffkreislauf notwendig ist. Ganz zu schweigen davon, dass der Mond wie ein Dynamo zum starken Magnetfeld der Erde beiträgt, das uns vor kosmischer Strahlung schützt.

Darüber hinaus verlieh dieser riesige Einschlag der Erde eine besondere axiale Neigung und eine schnelle Rotationsgeschwindigkeit. Die schnelle Rotation reduziert die täglichen Temperaturschwankungen und macht die Photosynthese lebensfähig. Nach der Rare-Earth-Hypothese sollte die axiale Neigung nicht zu groß oder zu klein sein, da ein Planet mit einer großen Neigung extreme saisonale Klimaschwankungen erfahren würde. Wenn der Planet eine kleine oder gar keine Neigung hat, gibt es auf dem Planeten keine Jahreszeiten, was (so lustig es auch klingen mag) zu einem Mangel an Anreizen für die Evolution führen wird. Unter diesem Gesichtspunkt ist die Neigung der Erde genau richtig. Die Schwerkraft eines großen Satelliten stabilisiert auch die Neigung des Planeten. Ohne diesen Effekt wäre die Änderung der Neigung chaotisch, was die Existenz komplexer Lebensformen an Land wahrscheinlich unmöglich machen würde.

Im Laufe der Erdgeschichte gab es beispielsweise fünf große Massenaussterben, bei denen 75 % bis 96 % aller Arten ausgelöscht wurden. Und obwohl diese Ereignisse katastrophal waren, spielten sie auch eine wichtige Rolle in der Evolution des Lebens. Sie haben ökologische Nischen freigemacht und neuen Arten ermöglicht, sich zu entwickeln und zu gedeihen. Ohne Massenaussterben wäre das Leben auf der Erde vielleicht auf dem Niveau einfacher einzelliger Organismen geblieben.

Ein weiteres Paradoxon hängt mit der Größe der Erde zusammen. Wie bereits erwähnt, hat die Erde die optimale Größe, um das Leben zu unterstützen. Aber was wäre, wenn es etwas größer oder etwas kleiner wäre? Es scheint, dass eine kleine Änderung der Größe keine große Rolle spielen sollte. In Wirklichkeit können jedoch selbst geringfügige Änderungen der Größe eines Planeten dramatische Folgen für sein Klima und seine Fähigkeit haben, Leben zu unterstützen. Wenn die Erde beispielsweise etwas größer wäre, wäre ihre Schwerkraft stärker, was zu einer dichteren Atmosphäre und einem Treibhauseffekt führen würde. Wenn die Erde etwas kleiner wäre, wäre ihre Schwerkraft schwächer und sie könnte die für das Leben notwendige Atmosphäre nicht halten.

Ein weiterer wichtiger Faktor ist die Zusammensetzung der Erdkruste. Die Erde hat eine einzigartige Krustenzusammensetzung, die reich an Elementen wie Silizium, Sauerstoff, Aluminium, Eisen, Kalzium, Natrium, Kalium und Magnesium ist. Diese Elemente sind für die Bildung von Gesteinen, Boden, Wasser und anderen für das Leben notwendigen Komponenten erforderlich. Wenn die Zusammensetzung der Erdkruste anders wäre, hätte das Leben auf der Erde möglicherweise nicht entstehen können.

Schließlich dürfen wir die Rolle des Zufalls in der Evolution des Lebens nicht vergessen. Viele Ereignisse, die zur Entstehung des Menschen führten, waren das Ergebnis zufälliger Mutationen und Zufälle. Ohne diese Zufälle hätte das Leben auf der Erde vielleicht einen ganz anderen Weg eingeschlagen.

Paradoxien der Evolution

Im Laufe der Erdgeschichte ist die Temperatur zweimal drastisch gesunken und vollständig mit Eis bedeckt: vor 2,2 Milliarden und 635 Millionen Jahren. Und was denken Sie? Solche extremen Vereisungen trugen zur Entwicklung des Lebens bei! Die erste stimulierte die Entwicklung photosynthetischer Mikroorganismen, was zu einem starken Rückgang des Treibhausgasgehalts in der Atmosphäre und zur Freisetzung von Sauerstoff führte. Und nach der zweiten Vereisung ereignete sich die kambrische Explosion, dank derer fast alle heute existierenden evolutionären Zweige der Tiere entstanden. War vorher alles Leben einfach und einzellig, so gab es danach einen starken Anstieg der Zahl komplexer mehrzelliger Organismen. Und genau hier erscheint das Gehirn.

Denken Sie darüber nach: Wenn wir im Weltraum einen Planeten mit paradiesischen Bedingungen finden, werden wir dort wahrscheinlich gerade deshalb kein komplexes Leben finden. Auf einem Paradiesplaneten wird es einfach nicht benötigt. Es gibt keine komplexen Überlebensherausforderungen, die gelöst werden müssen. Wie wir sehen können, erfordert die Entwicklung komplexer Lebens Kontrast und Herausforderung.

Es reicht nicht aus, nur die positiven Faktoren zu kennen. Sie müssen durch negative Faktoren ausgeglichen werden, um dieselben evolutionären Prozesse zu stimulieren. Gleichzeitig sollten negative Faktoren aber nicht zu negativ sein, denn das Leben ist eine ziemlich zerbrechliche Sache.

Wie viele Faktoren müssen insgesamt in der richtigen Reihenfolge zusammenkommen, damit komplexes Leben und letztendlich Intelligenz entstehen können? Diese Frage bleibt offen.

Die Einzigartigkeit des ersten Replikators

Beginnen wir klein. Nehmen wir an, wir haben alle notwendigen Bedingungen für die Existenz von Leben: die Goldilocks-Zone innerhalb eines Sterns und einer Galaxie, Gasriesenschutz, einen felsigen Planeten mit Wasser, die richtige Atmosphäre und einen großen Mond. Stellen Sie sich vor, irgendwo im Weltraum gibt es einen absoluten Zwilling der Erde. Was kommt als Nächstes? Nichts, wenn wir nicht die grundlegende Komponente des Lebens betrachten - den Replikator.

Der erste, kleinste "Baustein" des Lebens ist ein Replikator, also ein Molekül, das zur Selbstreproduktion fähig ist. Erst mit dem Erscheinen des ersten Replikators beginnen die gerichteten Mechanismen der Evolution zu wirken. Aber dieser erste Replikator selbst musste zufällig erscheinen. Denken Sie darüber nach: Ein komplexes System, das sich selbst kopieren kann, musste zufällig entstehen. Daher suchen wir nach den einfachsten Kombinationen, aus denen dieser erste Replikator hervorgegangen sein könnte. Aber selbst die einfachsten Kombinationen, die wir sehen, sind noch zu komplex für den blinden Zufall.

Wie hoch ist also die Wahrscheinlichkeit des Erscheinens des ersten einfachsten Organismus, der zur Fortpflanzung fähig ist? Wir sprechen von einem Organismus, der so einfach ist, dass er sich nicht mehr vermehren kann, wenn man ein weiteres Element hinzufügt. Ein bekannter Experte für Evolutionsbiologie, Eugene Koonin, gibt in seinem Buch "The Logic of Chance" eine Schätzung der Wahrscheinlichkeit des spontanen Erscheinens des ersten Replikators an. Er nennt die Zahl 1 zu 10 hoch 1018 (das ist eine Eins mit eintausend und achtzehn Nullen).

Es ist praktisch unmöglich zu begreifen, wie unwahrscheinlich dieses Ereignis ist. Eugene Koonin selbst sieht eine der möglichen Erklärungen für diese unglaubliche Wahrscheinlichkeit in der Existenz des Multiversums. Wenn es unendlich viele Universen gibt, dann gibt es auch unendlich viele Konfigurationen von Atomen. In diesem Fall wird die Realisierung der Option mit dem spontanen Auftreten eines Replikators verständlicher.

Es wäre jedoch sehr bequem, solche Dinge sofort durch das Multiversum oder den Willen der Welt oder Gott zu erklären und nicht mehr den Kopf zu zerbrechen. Deshalb erinnert uns Koonin daran, dass wir die Messlatte so weit wie möglich senken und durch spontanes Entstehen nur das erklären sollten, was wirklich nicht anders erklärt werden kann. Die Entstehung des Lebens erfordert extrem unwahrscheinliche Ereignisse, und deshalb sind wir vielleicht die einzigen Lebewesen in unserem Universum.

Wir sprechen nicht nur von intelligenten Wesen, sondern von Lebewesen im Allgemeinen. Natürlich sollten wir nicht übertreiben. Aber das Verständnis der Einzigartigkeit des ersten Replikators hilft uns zu erkennen, wie wichtig und selten das Leben ist, wie wir es kennen.

Evolution ist nicht genug

Wir haben also den ersten Replikator, der sich zu vermehren beginnt. Hier stellt sich eine sehr wichtige Frage: Ist die Zunahme der Komplexität in der Evolution zwingend? Die Antwort ist überhaupt nicht zwingend. Einige der ersten Replikatoren - Prokaryoten (Bakterien und Archaeen) - waren aufgrund ihres Designs extrem energieineffizient. Sie konnten keine Energie in großen Mengen speichern. Um komplexer zu werden, war es unmöglich, mit nur einer Mutation auszukommen. Dies ist der Moment, in dem die Evolution nicht ausreichte - eine Revolution war nötig.

Aus diesem Grund stoppte die Entwicklung auf der Ebene der Prokaryoten für eine Milliarde Jahre und vielleicht sogar noch länger. Nichts deutete auf die Entstehung komplexerer Lebensformen hin. Die Evolution könnte in diesem Stadium einfach aufhören. Aber plötzlich geschah etwas - etwas so Unwahrscheinliches wie das Erscheinen des ersten Replikators. Etwas, das laut dem britischen Biochemiker Nick Lane in der gesamten Geschichte des Lebens nur einmal passieren konnte. Eine Archaealzelle verschlang ein Bakterium und verdaute es aus irgendeinem Grund nicht.

Dieses Bakterium verlor dabei 99% seines Genoms, entledigte sich der meisten seiner Mechanismen und konzentrierte sich darauf, Energie in Form von ATP zu produzieren. So entstand das erste Mitochondrium. Das Mitochondrium ist eine Art Kraftwerk der Zelle. Es war diese Symbiose, die das Energieproblem gelöst hatte, die es dem Leben ermöglichte, ungehindert komplexer zu werden. Dank dieses mikroskopisch kleinen unglaublichen

Ereignisses existiert die gesamte Vielfalt des Lebens, die Sie mit bloßem Auge sehen können.

Die Anzahl intelligenter Zivilisationen

Ich hoffe, noch niemand ist müde, denn der interessanteste Teil liegt noch vor uns. Kommen wir nun zur Frage der Anzahl intelligenter Zivilisationen im Universum. Wir haben bereits diskutiert, wie unwahrscheinlich die Schlüsselereignisse in der Geschichte des Lebens auf der Erde waren. Aber selbst wenn es im Universum andere Planeten gibt, auf denen Bedingungen für Leben entstanden sind, bedeutet dies nicht, dass sich dort zwangsläufig intelligente Wesen entwickelt haben.

Auf der Suche nach Antworten auf diese Fragen wenden sich Wissenschaftler der berühmten Drake-Gleichung zu, die 1961 vom Astrophysiker Frank Drake vorgeschlagen wurde. Diese Gleichung versucht, die Anzahl intelligenter Zivilisationen in unserer Galaxie zu schätzen, die zur Kommunikation fähig sind. Sie umfasst viele Faktoren, von denen jeder eine erhebliche Unsicherheit aufweist. Zu diesen Faktoren gehören:

- Die durchschnittliche Sternentstehungsrate in unserer Galaxie. Dies ist der grundlegende Faktor, der die Anzahl neuer Sterne bestimmt, die über einen bestimmten Zeitraum erscheinen.
- Der Anteil der Sterne, die Planetensysteme haben. Jüngste Beobachtungen zeigen, dass viele Sterne Planeten haben, was den Optimismus hinsichtlich des Potenzials für Leben erhöht.
- Die Anzahl der Planeten pro Sternensystem, auf denen lebensfreundliche Bedingungen existieren können. Diese Frage beinhaltet die sogenannte "Goldilocks-Zone", in der die Temperatur für die Existenz von flüssigem Wasser geeignet ist.
- Die Wahrscheinlichkeit der Entstehung von Leben auf einem solchen Planeten. Dieser Faktor bleibt eines der größten Rätsel, da wir immer noch nicht genau wissen, wie das Leben auf der Erde entstanden ist.
- Die Wahrscheinlichkeit der Evolution von einfachen zu komplexen Organismen. Die Evolution komplexer Lebensformen erfordert Milliarden von Jahren und eine Reihe günstiger Bedingungen.
- Die Wahrscheinlichkeit der Entwicklung einer technologisch fortgeschrittenen Zivilisation. Dieser Faktor bestimmt, ob sich intelligentes Leben zu einem Niveau entwickelt, das zur interstellaren Kommunikation fähig ist.
- Die durchschnittliche Lebensdauer solcher Zivilisationen. Dies ist ein wichtiger Punkt, da Zivilisationen sich selbst zerstören oder Katastrophen erleben können, die ihre Fähigkeit, über lange Zeiträume zu existieren und zu kommunizieren, einschränken.

- Jeder dieser Faktoren hat seine eigene Wahrscheinlichkeit, und zusammen bilden sie eine sehr komplexe Gleichung mit einem hohen Maß an Unsicherheit. Selbst wenn es im Universum eine große Anzahl von Planeten gibt, die für Leben geeignet sind, garantiert dies also nicht, dass sich auf ihnen intelligente Wesen entwickelt haben.

Angesichts all dieser unwahrscheinlichen Ereignisse kann davon ausgegangen werden, dass intelligentes Leben ein sehr seltenes Phänomen sein könnte. Vielleicht sind wir die einzigen intelligenten Wesen in unserer Galaxie oder sogar im gesamten sichtbaren Universum. Diese Erkenntnis verleiht jedem unserer Schritte, jeder Entdeckung und jedem Versuch, unseren Platz in diesem riesigen und komplexen Kosmos zu verstehen, noch mehr Gewicht.

Die Einzigartigkeit des Geistes

Der Geist ist nicht nur eine Folge zufälliger evolutionärer Prozesse. Selbst wenn wir viele Planeten haben, die für das Leben geeignet sind, selbst wenn auf diesen Planeten Leben entsteht, garantiert dies nicht die Entstehung des Geistes. Wenn all die bisherigen Überlegungen meist theoretisch waren, dann können wir diesen Faktor hier und jetzt mit eigenen Augen beobachten.

Die Wahrscheinlichkeit von Intelligenz

Was ist die Wahrscheinlichkeit jeder Variablen in dieser Gleichung? Wie Eugene Koonin bemerkte, war die Wahrscheinlichkeit für die Entstehung des ersten Replikators extrem gering, etwa 1 zu 10 hoch 1018. Unsere Erfahrung zeigt jedoch, dass der Geist ein noch unwahrscheinlicheres Phänomen ist. Ein großes Gehirn, das zur Selbsterkenntnis, zum abstrakten Denken und zum Verständnis seines Platzes im Universum fähig ist, ist kein zwingendes Produkt der Evolution. Es ist ein außergewöhnliches, vielleicht einzigartiges Phänomen.

Der berühmte Astrophysiker Frank Drake, der seine berühmte Gleichung aufgestellt hat, hat den Faktor Intelligenz als einen der am wenigsten definierten Parameter aufgenommen. Selbst wenn Leben im Universum häufig entsteht, kann intelligentes Leben extrem selten sein. Dies führt uns zu dem Schluss, dass wir möglicherweise die einzigen intelligenten Wesen in der gesamten Galaxie oder sogar im sichtbaren Universum sind.

Daher ist unsere Existenz als intelligente Spezies das Ergebnis einer Reihe unwahrscheinlicher Ereignisse. Wir sind das Ergebnis nicht nur der Evolution, sondern der Evolution, die durch außergewöhnliche Bedingungen und Umstände verstärkt wurde. Dies macht unseren Geist noch einzigartiger und wertvoller. Und vielleicht besteht unsere Aufgabe als intelligente Spezies darin, dieses einzigartige Geschenk zu nutzen, um nicht nur die Welt um uns herum, sondern auch uns selbst und unseren Platz in diesem riesigen und mysteriösen Universum zu verstehen.

Die Wahrscheinlichkeit eines erdähnlichen Planeten

Die Wahrscheinlichkeit der Existenz intelligenter Zivilisationen im Weltraum hängt von vielen Faktoren ab, die wir aufzulisten versucht haben. Und was haben wir? Bis zu einem gewissen Grad verstehen wir, wie viele Faktoren benötigt werden und was sie sein sollten, damit ein Planet lebensfähig wird. Gleichzeitig haben wir eine sehr schwache Vorstellung davon, wie viele Faktoren zusammenkommen müssen, damit die einfachste Form des Lebens auf einem für das Leben geeigneten Planeten erscheint. Und wir verstehen überhaupt nicht, welche Faktoren, in welcher Menge und in welcher Reihenfolge für die Entstehung von Intelligenz auf einem für das Leben geeigneten Planeten von der einfachsten Form des Lebens an benötigt werden.

Die absolute Mehrheit der Faktoren, wie ich bereits beschrieben habe, ist uns unbekannt. Aber lassen Sie uns träumen. Angenommen, wir haben eine Formel, die eine 100%ige Entstehung von komplexem Leben garantiert, wenn nur, sagen wir, magere 80 Faktoren erfüllt sind. Sehr optimistisch. Aber machen wir es noch optimistischer: Lassen Sie die Wahrscheinlichkeit jedes Faktors nicht eins zu zehn hoch 1018, sondern nur eins zu zwei sein, wie beim Werfen einer abstrakten Münze mit einer Dicke von null. Das heißt, zum Beispiel beträgt die Wahrscheinlichkeit, einen sonnenähnlichen Stern zu finden, nicht eins zu tausend oder eine Million, sondern fünfzig zu fünfzig. Die Wahrscheinlichkeit, einen felsigen Planeten in der Nähe eines solchen Sterns zu finden, beträgt fünfzig zu fünfzig. Fünfzig zu fünfzig ist die Wahrscheinlichkeit, dass er sich in der bewohnbaren Zone befindet, dass er einen mondähnlichen Satelliten, eine geeignete Atmosphäre hat, und sogar die Wahrscheinlichkeit der Entstehung des ersten Replikators darauf beträgt die gleichen 50/50. Und so weiter und so fort, bis wir alle 80 notwendigen Parameter gesammelt haben.

Wenn alles so wäre im Universum, das wir sehen, wie hoch wäre dann die Wahrscheinlichkeit, Brüder im Geiste in einem solchen Szenario zu treffen? Die Wahrscheinlichkeit beträgt 10 hoch minus 24, oder eins zu einer Billion Billionen. In einfachen Worten, die Wahrscheinlichkeit ist so extrem gering, dass Sie das gesamte beobachtbare Universum durchsuchen können, aber niemals einen einzigen Planeten wie die Erde finden, keinen einzigen.

In Wirklichkeit gibt es wahrscheinlich viel mehr Faktoren, und es ist unwahrscheinlich, dass auch nur einer von ihnen eine so optimistische Wahrscheinlichkeit hat wie beim Werfen einer Münze. Wir hören oft, dass es zu egoistisch ist zu behaupten, wir seien allein. Aber dies ist eine pompöse Meinung, die auf allgemeinen Annahmen basiert. Wir haben noch keine Bestätigung für die Existenz von außerirdischem Leben, nicht nur intelligentes, sondern überhaupt kein Leben.

Was kommt als Nächstes?

Obwohl wir noch keine endgültigen Antworten auf die Frage nach der Existenz anderen intelligenten Lebens im Universum haben, ist es wichtig, die Forschung in diese Richtung fortzusetzen. Die Wissenschaft erweitert ständig unser Wissen über den Kosmos, und jede neue Entdeckung bringt uns der Lösung dieses großen Rätsels näher. Unabhängig davon, ob wir die einzigen intelligenten Wesen im Universum sind oder nicht, erweitert der Prozess der Suche und Reflexion über diese Frage unseren Horizont und gibt uns ein neues Verständnis unseres Platzes im weiten kosmischen Kontext.

Aber selbst wenn wir die Seltene-Erde-Hypothese als Arbeitsmodell akzeptieren, bedeutet dies nicht, dass wir hier aufhören sollten. Im Gegenteil, es eröffnet neue Fragen und neue Forschungsrichtungen. Wenn das Leben auf der Erde wirklich ein einzigartiges Phänomen ist, welche Faktoren haben dann zur Entstehung von Bewusstsein und Intelligenz beigetragen?

Obwohl wir mehr oder weniger herausgefunden haben, wie das Leben auf der Erde entstanden ist, ist es jetzt notwendig, ausführlicher darüber zu sprechen, wie es sich entwickelt hat, um unser Bewusstsein zu verstehen. Schließlich war es die Evolution, dieser lange und komplexe Prozess, der unser Bewusstsein, unseren Geist, unsere Fähigkeit zur Selbsterkenntnis und Kreativität geprägt hat. Das Verständnis der Evolution des Lebens kann der Schlüssel zum Verständnis des Geheimnisses des Bewusstseins sein und uns helfen, eine Frage zu beantworten: "Was bin ich?"

KAPITEL 3 : DIE EVOLUTION DES LEBENS UND BEWUSSTSEINS

Das Paradox von Leben und Bewusstsein

Leben. Wissen Sie, was Leben ist? Es ist ein erstaunliches Phänomen, das inmitten der kosmischen Leere entstanden ist. Es ist ein zerbrechlicher Funke, der für einen Moment in der grenzenlosen Weite von Raum und Zeit aufflammte. Es ist eine einzigartige Schöpfung der Natur, die trotz ihrer Zerbrechlichkeit in der Lage ist, den Kräften der Entropie und des Chaos zu widerstehen.

Die geheimnisvollsten Phänomene im Universum – schwarze Löcher und dunkle Materie – sind nicht die geheimnisvollsten. Wir sehen überall Spuren ihrer Existenz. Vor dem Hintergrund des gesamten Kosmos ist es das Leben, das wie eine Art Anomalie aussieht. Wir sind nirgendwo außerhalb unseres Planeten auf Lebensmanifestationen gestoßen. Unter Hunderten von Milliarden Kilometern Leere, Fels und Gas erscheint etwas so Seltsames, dass es sich allem anderen widersetzen kann.

Wir, lebende Menschen, sind Fleisch vom Fleisch des Universums, das wir sehen, und wir sind sicherlich ein Teil davon. Gleichzeitig ist das Universum unbelebt. So scheint es uns. Haben Sie schon einmal darüber nachgedacht? Was ist der grundlegende Unterschied? Was sind die Unterschiede zwischen belebter und unbelebter Materie? Wo ist die Grenze, jenseits derer das eine endet und das andere beginnt?

Wenn man durch die Augen eines alten Menschen schaut, liegt der Unterschied auf der Hand: Unbelebte Materie ist bewegungslos, passiv, äußeren Kräften unterworfen. Ein riesiger Stein im Dunkeln mag durchaus einem lebenden Bären ähneln. Aber nur Lebewesen, ein lebender Bär, kann dich durch den Wald jagen. Und egal wie du zwischen den Bäumen hetzt, fangen Sie dich und zerreißen Sie in Stücke – unbelebte Objekte tun so etwas Zweckvolles nie. Steine, die einen Berg hinunterrollen, ein riesiger Felsbrocken, jagen dich nicht wirklich. So argumentierten die Alten. Kein Wunder, denn sie hatten noch nie zielsuchende Raketen gesehen.

Und doch, obwohl die meisten von uns die meiste Zeit ihres Lebens damit verbringen, Dinge zu tun, die wir nicht mögen, sind wir immer noch am Leben. Lebendig, weil wir es aus freien Stücken tun. Weil wir eine Wahl haben. Weil wir „Nein" sagen können.

Ein Stein, der von einem Berg fällt, hat keine Wahl. Es gehorcht den Gesetzen der Schwerkraft. Ein Uranatom zerfällt und gehorcht den Gesetzen der Quantenmechanik. Und wir, Lebewesen, können wählen. Wir können gegen den Strom gehen. Wir können unsere eigenen Gesetze schaffen. Das macht uns lebendig. Kein magischer Funke, keine besondere Substanz, sondern die Fähigkeit zu wählen, die Fähigkeit, nach unseren Wünschen und Zielen zu handeln. Dies ist das eigentliche Fundament des Lebendigen, der erste Schritt, von dem alles ausgeht.

Die Struktur des Lebens

Stellen Sie sich einen Steinhaufen vor, der immer wieder in die Luft geworfen wird. Es besteht die Möglichkeit, dass die Steine übereinander fallen und eine bestimmte Struktur bilden. Und diese Struktur wird Eigenschaften haben, die ein einfacher Steinhaufen nicht hat. Es wird mehr sein als nur die Summe seiner Teile. Dieses Phänomen nennt man Emergenz. Emergenz ist das Auftreten von Eigenschaften in einem System, die seinen Elementen einzeln nicht innewohnen. Es gibt viele Beispiele für eine solche Synergie in der Natur. Indem wir bestimmte Atome in einer bestimmten Reihenfolge verbinden, erhalten wir eine Struktur mit Eigenschaften, die in einem einfachen Haufen derselben Atome nicht vorhanden sind. Diese Struktur ist ein Molekül.

Die Grundlage des Lebens ist molekular, und das Besondere an lebenden Molekülen ist, dass sie die Umwelt dazu anregen, sie zu kopieren. Einige Atomkonfigurationen neigen zur Replikation, dh zur Erstellung von Kopien ihrer selbst unter Verwendung der Umgebung. Wir nennen solche Konfigurationen Gene. Ein Gen ist eine Eigenschaft von Atomen, die gleiche Eigenschaft wie die komplexen Muster einer Schneeflocke oder Wellen auf einer Sanddüne.

Stück für Stück, sich sammelnd, verbinden sich Atome zu Molekülen, die wiederum ganze Organismen bilden. Dieselbe „Magie", die Menschen in lebenden Organismen zu finden versuchten, ist nichts anderes als eine Manifestation der magnetischen Eigenschaften der Materie, wenn elementare Prozesse auf der Mikroebene gemeinsam unglaublich komplexe Phänomene auf mehreren Ebenen erzeugen.

Also, einmal auf dem Planeten Erde – niemand weiß noch genau wie und wo – zeigte Materie eine äußerst seltene und sehr unwahrscheinliche elegante Eigenschaft. Nämlich unter einzigartig günstigen Bedingungen erschien aus einem Atomhaufen der erste Satz, der sich spontan zu vermehren begann. Und alle. Wenn wir unkontrollierte Reproduktion mit begrenzten Ressourcen haben, bekommen wir Konkurrenz. Selbstkopieren funktioniert nicht perfekt,

wodurch Mutationen auftreten. Mutationen führen zu Variationen von
Genen, die wiederum zu Variationen von Arten führen. Konkurrenz plus
Artenvariationen plus natürliche Auslese plus Zeit gleich Evolution. Ja, alles
Leben auf dem Planeten basiert auf Replika-Molekülen, die wir Gene nennen.
Somit gibt es im Universum keine Aufteilung in lebende und nicht lebende
Materie. Materie ist dasselbe und das Leben ist einfach ihre elegante
Eigenschaft.

Das Gen als treibende Kraft des Lebens

Das Hauptmerkmal eines Gens besteht darin, dass es immer die Ursache für
seine Kopierung ist, dh es zwingt die Umgebung, es zu kopieren. Die Biologie
ist also, denken Sie darüber nach, die Wissenschaft, die den Einfluss von
Genen auf andere Materie untersucht. Was ist ein Bär? Es ist ein riesiger
Behälter für Gene. Nehmen Sie zum Beispiel das Insulin-Gen. Es kann sich
nicht selbst replizieren. Das Vorhandensein aller anderen Gene im Körper des
Bären ist für ihn von entscheidender Bedeutung. Aber das ist noch nicht alles.
Es braucht auch die Gene anderer Organismen. In der äußeren Umgebung
kann ein Bär ohne Nahrung nicht überleben, und die Gene zur Herstellung
dieser Nahrung sind nur in anderen Organismen vorhanden.

Daher bauen Gene gemeinsam den Körper eines Bären und veranlassen ihn
zu vielen verschiedenen Dingen, einschließlich der Jagd, damit sie, die Gene,
sich selbst kopieren können. Der Körper des Bären ist die nächste
Umgebung, die Gene für ihre eigene Replikation manipulieren. Sie erschaffen
den Bären und programmieren sein Verhalten, indem sie das Tier zwingen,
Algorithmen zu folgen, die auf das Kopieren abzielen. Nein, nicht der Bär,
sondern die Gene, die in seinem Körper sind. Und das um jeden Preis.

Der Organismus als Umgebung für die Genreplikation

Früher wurden beispielsweise die Nase eines Bären und seine Höhle als
lebende bzw. nicht lebende Objekte klassifiziert. Aber es gibt keinen
grundsätzlichen Unterschied an der Basis dieser Abteilung. Die Rolle einer
Bärennase unterscheidet sich nicht grundlegend von der Rolle seiner Höhle.
Auch ist nicht autark, obwohl ständig neue Exemplare von beidem entstehen.
Sowohl die Nase als auch die Höhle sind nur Teile der Umgebung, die von
den Genen des Bären bei ihrer Replikation manipuliert werden.

Gene, die zur Replikation Kooperation benötigen, verbinden sich zu langen
Ketten, die als DNA bekannt sind. Basierend auf diesen Ketten werden
verschiedene Organismen gebildet, wie Mikroben, Pflanzen oder Tiere. Wir
sind es gewohnt, diese Organismen als lebendig zu betrachten. Aber aus allem

Gesagten folgt, dass der Begriff „lebendig" in Bezug auf andere Körperteile als DNA gelinde gesagt übertrieben ist.

Einfach ausgedrückt stellt sich heraus, dass der Hauptbestandteil lebender Organismen die DNA ist, die Gene enthält. Alle anderen Teile des Organismus – Zellen, Gewebe, Organe – sind nur Werkzeuge, die dieser DNA helfen, ihre Funktion zu erfüllen, nämlich zu überleben und sich fortzupflanzen. Der Organismus als Ganzes ist eine komplexe Maschine, die von Genen gebaut wurde, um ihr Überleben zu sichern. Wenn wir also über das Leben sprechen, meinen wir eigentlich in erster Linie DNA und Gene, die Informationen tragen. Alle anderen Teile des Organismus sind Hilfsmechanismen, die geschaffen wurden, um diese DNA in ihrer Umgebung zu unterstützen.

Dieses Verständnis von Leben, bei dem Organismen in Bezug auf Gene als Teil der Umwelt betrachtet werden, war seit Darwins Zeiten in den Grundlagen der Biologie enthalten, blieb aber bis zur Veröffentlichung von Richard Dawkins' Werken "Das egoistische Gen" (1976) und "Der erweiterte Phänotyp" (1982) nahezu unbemerkt.

Das Gen als Quant an Information

Stellen Sie sich die Frage: Was ist die Grundlage des Lebens? Die Antwort auf diese Frage ist das Gen. Aber was ist ein Gen wirklich? Ein Gen ist ein Stück Erbinformation, eine Einheit, die Anweisungen für die Bildung und Funktion lebender Organismen trägt. Ein Bär, ein Mensch, Blumen, Bakterien – alles, was wir Leben nennen – sind nur verschiedene Arten, wie sich Gene selbst kopieren.

Aber warum überleben und gedeihen manche Gene, während andere im Fluss der Zeit verschwinden? Je genauer die Informationen über die Umgebung ein Gen enthält, desto erfolgreicher ist es in Bezug auf seine Reproduktion. Denn mit zuverlässigen Informationen über die Umwelt kann ein Gen in dieser Umwelt effektiver leben und sich vermehren. Das heißt, Gene mit genaueren Informationen über die Welt verdrängen Gene mit weniger genauen Informationen. Dies ist das Grundprinzip der Evolution: Es überlebt nicht der Stärkste oder Klügste, sondern derjenige, der am besten an seine Umgebung angepasst ist.

Die absolute Mehrheit der Gene, die falsche oder ungenaue Informationen über die Umwelt enthielten, konnten darin nicht lange genug überleben und starben aus. Am besten an die Umwelt angepasst überlebt. Aber was ist Anpassung an die Umwelt? Anpassung an die Umwelt ist im Wesentlichen das Vorhandensein von zuverlässigem Wissen, also objektiver Information über eben diese Umwelt. Es ist nicht so, dass Gene im traditionellen Sinne etwas „wissen" können, aber Evolution funktioniert durch Selektion: Durch Versuch und Irrtum werden diejenigen Gene eliminiert, die weniger vollständige und weniger zuverlässige Informationen haben.

Stellen Sie sich die Evolution als einen riesigen Computeralgorithmus vor, der kontinuierlich verschiedene Kombinationen von Genen testet. Dabei bleiben nur diejenigen erhalten, die eine bessere Anpassung an die Umweltbedingungen bieten. Es ist wie ein Spiel mit Milliarden von Variablen, bei dem der Erfolg davon abhängt, wie genau genetische Informationen die Realität widerspiegeln.

Dieser Selektionsprozess führt dazu, dass moderne lebende Organismen Gene tragen, die die Umgebung, in der sie sich entwickelt haben, am besten widerspiegeln. Dies ermöglicht es Organismen, Nahrung effizienter zu finden, Raubtieren auszuweichen, sich fortzupflanzen und zu überleben. Die Genauigkeit dieser Informationen wirkt sich direkt auf die Überlebenschancen aus. Wir können also sagen, dass das Leben auf unserem Planeten ein kontinuierlicher Prozess der Verbesserung der in Genen enthaltenen "Informationsquanten" ist.

Das Gehirn als perfektestes Werkzeug zur Informationsverarbeitung

Gene üben eine sehr präzise interaktive Kontrolle über die Reaktionen des Organismus auf die komplexe Umgebung aus, mit der er interagiert. Diese Kontrolle zielt darauf ab, eine ganz bestimmte entsprechende Wirkung der Umwelt auf die Gene hervorzurufen, nämlich sie zu replizieren. Je mehr Situationen außerhalb der Gene in der Lage sind, „zu verdauen", ohne zu sterben, desto erfolgreicher sind sie. In diesem Zusammenhang ist das menschliche Gehirn potenziell das Beste, was Gene bauen könnten. Soweit wir wissen, ist das menschliche Gehirn das komplexeste und effizienteste Werkzeug zur Informationsverarbeitung in der Welt der Lebewesen.

Das menschliche Gehirn besteht aus Milliarden von Neuronen, von denen jedes in der Lage ist, zahlreiche Verbindungen mit anderen Neuronen zu bilden, wodurch ein unglaublich komplexes und dynamisches Netzwerk entsteht. Dieses Netzwerk ermöglicht es dem Gehirn, riesige Mengen an Informationen zu verarbeiten, zu lernen, Entscheidungen zu treffen und sich an Veränderungen in der Umgebung anzupassen. Dank seiner Fähigkeit zum abstrakten Denken, zur Kreativität und zum Bewusstsein kann das Gehirn zukünftige Ereignisse modellieren, Handlungen planen und sogar neue Technologien und Ideen entwickeln, die die Natur unserer Existenz verändern.

Je mehr Informationen in Genen den Bedingungen der Umwelt entsprechen, desto mehr Kopien dieser Gene bleiben erhalten. Somit können wir sagen, dass Evolution im Wesentlichen ein bestimmter Berechnungsprozess ist. Es ist ein Prozess, bei dem die effektivsten Überlebens- und Reproduktionsstrategien basierend auf den in den Genen eingebetteten Informationen ausgewählt werden. Gene sind buchstäblich verkörperte Informationen über die Umwelt, die durch die Prozesse der natürlichen Auslese ständig verbessert und angepasst werden.

Die Evolution nutzt als Rechenprozess Trial-and-Error-Methoden, erstellt und testet verschiedene Varianten genetischer Kombinationen. Diejenigen, die besser an die Umweltbedingungen angepasst sind, überleben eher und hinterlassen Nachkommen. Im Laufe der Zeit wird dieses dynamische und selbstregulierende System immer komplexer und ausgefeilter und schafft so wunderbare Strukturen wie das menschliche Gehirn.

Das menschliche Gehirn ist der Höhepunkt der evolutionären Entwicklung, ein Werkzeug, das es unserer Spezies ermöglicht hat, in der Hierarchie des Lebens aufzusteigen. Es gibt uns die Möglichkeit, nicht nur auf die Umwelt zu reagieren, sondern sie auch aktiv zu verändern, neue Realitäten und neue Anpassungsmöglichkeiten zu schaffen. Das Gehirn ermöglicht es uns, uns selbst und die Welt um uns herum wahrzunehmen, Fragen zu stellen und nach Antworten zu suchen, die Grenzen unseres Wissens und Einflusses zu erweitern.

Sensorische Empfindungen als Ergebnis des Evolutionsprozesses

Erkenne dies: all die Sinnesempfindungen, die du während deines Lebens empfängst, die Farben und die Geometrie, die du siehst, die Geräusche, die du hörst, die Härte oder Weichheit des Bodens unter deinen Füßen, die du fühlst, deine Fähigkeit, dich im Raum zu bewegen, deine Fähigkeit zu fühlen, dass Wasser nass und Schlamm zähflüssig ist, um das Spiel des Windes auf deiner Haut zu spüren. Letztendlich haben Sie Manipulatoren in Form von Händen. All dies entstand nicht aus dem Nichts, sondern aus der Tatsache, dass sich über Millionen von Jahren durch Evolution Gene entwickelt haben, die das zuverlässigste Wissen über die Umwelt tragen.

Dieses Wissen, das in Ihren sensorischen Systemen verkörpert ist, ermöglicht es Ihnen, mit der Umwelt zu interagieren, Reize zu empfangen und auf sie zu reagieren. Ihre Augen nehmen Licht wahr, Ihre Ohren nehmen Schallwellen wahr und Ihre Haut nimmt taktile Empfindungen wahr. All dies ist das Ergebnis von Millionen von Jahren adaptiver Veränderungen, die es unseren Vorfahren ermöglicht haben, zu überleben und zu gedeihen. Ihre sensorischen Systeme sind komplexe Mechanismen, die von der Evolution entwickelt wurden, um Ihnen Informationen über die Welt um Sie herum in einer Form zu liefern, die interpretiert und beantwortet werden kann.

Und dieses Wissen ist in Ihnen gerade wegen dieser Gene verkörpert, die zuverlässige Informationen über die Umwelt trugen. Sie sind zu interaktiver Interaktion mit der Umgebung fähig, empfangen Reize und zeigen eine angemessene Reaktion. Umgekehrt können Sie der Umgebung auch Reize geben und erhalten eine entsprechende Reaktion von ihr.

Menschen haben jedoch keine Gene, die es ihnen erlauben würden, das gesamte Spektrum elektromagnetischer Wellen oder alle von der Stringtheorie vorhergesagten Dimensionen zu sehen. Aufgrund des Fehlens bestimmter Gene sind uns vielleicht einige Dinge im Universum grundsätzlich nicht erkennbar, und vielleicht ist dies zum Besseren. Aber wir haben Gene, die uns eine Veranlagung zum beispiellosen abstrakten Denken geben, dank derer wir etwas über einige Phänomene lernen können, die für uns auf der Ebene der Gefühle unzugänglich sind.

Das Überleben von Wissen und die Zukunft der Menschheit

Solange das in diesen Genen enthaltene Wissen ausreicht, um eine Überlebensstrategie in ihrer ökologischen Nische umzusetzen, werden sie weiter existieren. Und hier wird deutlich, dass das Überleben des Wissens selbst grundlegend ist und nicht unbedingt das Gen oder irgendein anderes physisches Objekt. Es stellt sich heraus, dass sich nicht das physische Objekt an die Nische anpasst, sondern das Wissen, das es trägt. Bei erfolgreicher Anpassung verbleibt dieses Wissen in der Nische und beeinflusst diese. Die physische Hülle des Gens ist weniger wichtig, da während der Replikation eine neue Kopie des Gens aus neuen Komponenten zusammengesetzt wird. Darüber hinaus kann Wissen in verschiedenen physischen Formen erfolgreich übertragen werden, so wie Informationen von einer Schallplatte auf Magnetband und dann auf eine CD übertragen werden können.

Vielleicht werden die Menschen in Zukunft in der Lage sein, das in ihren Genen enthaltene Wissen auf die zuverlässigsten Medien zu kopieren und ihr zerbrechliches biologisches Wesen durch etwas Haltbareres zu ersetzen. Es wäre seltsam, solche Menschen nicht als lebendig zu betrachten. Wenn Sie den Körper nicht als besonderes Gefäß für die Seele betrachten, sondern behaupten, dass künstliche Intelligenz unmöglich ist, ist dies analog zu der Behauptung, dass das Gehirn kein physisches Objekt ist. Obwohl alles bekannte Leben auf Replikation basiert, ist es in Wirklichkeit um ein einziges Phänomen herum aufgebaut – Wissen.

KAPITEL 4: Die Welt jenseits unserer Sinne

Das Studium physikalischer Phänomene

Stellen Sie sich einen unendlich großen, völlig leeren, sterilen Raum vor, in dem es kein einziges Staubkorn gibt und in den überhaupt kein Licht eindringt. Stellen Sie sich nun eine Taschenlampe vor, die in diesem Raum eingeschaltet wird. Es klingt einfach, aber es gibt ein wichtiges Detail: Wenn wir diesen Raum von der Seite betrachten würden, würden wir weder die Taschenlampe selbst noch den von ihr ausgesendeten Lichtstrahl sehen.

Paradoxerweise ist Licht an sich unsichtbar. Wir sehen es nur, wenn es in unsere Augen fällt. Wir können kein Licht sehen, das einfach vorbeigeht, ohne etwas zu reflektieren. Wenn es eine zweite Lichtquelle im Raum gäbe, könnten wir die Taschenlampe sehen, aber wieder nicht ihr Licht. Lichtstrahlen, selbst von der intensivsten Quelle, gehen durcheinander hindurch, als ob sie gar nicht existierten.

Erinnern Sie sich daran und stellen Sie sich nun vor, dass die Taschenlampe direkt in Ihre Augen leuchtet und Sie sich allmählich zurückfliegen. Wenn Sie sich entfernen, erscheint das Licht der Taschenlampe immer kleiner und verwandelt sich dann ganz in einen Punkt. Wenn Sie sich weiter entfernen, wird dieser Punkt immer dunkler. Wenn die Entfernung zwischen Ihren Augen und der Taschenlampe 10.000 Kilometer erreicht, verschwindet der dunkle Punkt ganz. Aber das ist, wenn wir über das menschliche Auge sprechen. Das Auge eines Frosches ist um ein Vielfaches empfindlicher als das menschliche Auge, und das wird für das Experiment ausreichen, um ein anderes Ergebnis zu erzielen.

Wenn der Beobachter ein Frosch ist und sich von der Taschenlampe entfernt, wird der Moment, in dem er sie vollständig aus den Augen verliert, nie kommen. Stattdessen wird der Frosch beginnen, ein erstaunliches Phänomen zu beobachten: Er wird sehen, dass die Taschenlampe in unregelmäßigen Abständen zu blinken begonnen hat. Diese Intervalle werden sich mit zunehmender Entfernung vergrößern. In einer Entfernung von 100 Millionen Kilometern wird der Frosch durchschnittlich nur einen Lichtblitz pro Tag sehen, aber dieser Blitz wird so hell sein wie jeder andere.

Dieses Flackern zeigt an, dass es eine Grenze für die gleichmäßige Dehnung des Lichts gibt. Jeder Blitz, den der Frosch sieht, wird durch ein Photon verursacht, das auf die Netzhaut seines Auges trifft. Wenn man sich von der Taschenlampe entfernt, werden die Photonen selbst nicht schwächer, aber der Lichtstrahl schwächt sich ab, weil der freie Raum zwischen den Photonen zunimmt. Wenn der Frosch nichts sieht, liegt das nicht daran, dass das in seine Augen fallende Licht zu schwach ist, sondern daran, dass überhaupt kein Licht in seine Augen fällt.

Diese Eigenschaft, nur in Form von separaten Stücken diskreter Größen zu erscheinen, wird als Quantennatur bezeichnet. Jedes einzelne Photon ist das gleiche diskrete Stück Licht, das wir wahrnehmen können.

Die Quantentheorie hat ihren Namen genau von dieser Eigenschaft, die sie allen messbaren physikalischen Größen zuschreibt. Es gibt keine messbaren kontinuierlichen Größen in der Physik. Alles, was uns umgibt und kontinuierlich erscheint, ist es nicht wirklich.

In diesem Abschnitt werden wir uns mit den Grundprinzipien der Quantentheorie befassen und versuchen zu verstehen, wie sie uns helfen, die Geheimnisse des Universums zu entschlüsseln. So können wir die Welt in einem neuen Licht sehen und die Physik als Schlüssel zu einem tieferen Verständnis der Realität nutzen.

Als nächstes wenden wir uns dem Buch des britischen theoretischen Physikers David Deutsch mit dem Titel "The Fabric of Reality" zu. Dies ist sein Opus magnum (Meisterwerk), in dem er seine tiefsten Ansichten über die Natur des Universums darlegt. Deutsch, obwohl Wissenschaftler und kein Schriftsteller, drückt seine Ideen auf eine ziemlich verwirrende Weise aus, was sie schwer verständlich machen kann. Versuchen wir jedoch, seine Gedanken zu verstehen und sie zu nutzen, um ein ganzheitliches Bild unserer Welt zu erstellen.

Viele Welten

Seien wir ehrlich, niemand nimmt die Idee des Multiversums ernst. Die meisten wissen nicht einmal, was diese Idee in der Physik bedeutet. Tatsächlich bedeutet es viel und wird in verschiedenen physikalischen Konzepten unterschiedlich beschrieben. Viele dieser Konzepte haben ein Existenzrecht. Wir werden über die Vielwelten-Interpretation der Quantenmechanik sprechen, die uns als direkte und eine der einfachsten Konsequenzen eine völlig neue Sicht auf die Welt präsentiert.

Diese Ansicht ist so neu, dass, als Wissenschaftler begannen, die Gesetze der Quantenmechanik allmählich zu entdecken, sie versuchten zu erklären, was sie sahen. Infolgedessen waren sie so enttäuscht, dass es heute unter Spezialisten der Quantentheorie als schlechte Form angesehen wird, über etwas anderes als Gleichungen zu sprechen. Ein Versuch zu erklären, was diese Gleichungen sagen, wird sofort als leeres Geschwätz aufgezeichnet.

David Deutsch, ein britischer theoretischer Physiker, verachtet in seinem Buch "The Fabric of Reality" einen solchen instrumentellen Ansatz zur physikalischen Theorie. Aus seiner Sicht ist der Wunsch, nicht nur vorherzusagen und zu nutzen, sondern auch zu verstehen, absolut normal.

Die am meisten getestete Theorie

Die Quantenmechanik ist ein Triumph des menschlichen Intellekts, eine Theorie, die die strengsten Tests bestanden hat und zum Fundament unserer technologischen Zivilisation geworden ist. Wenn Sie dieses Buch online lesen, ist dies nur aufgrund eines tiefen Verständnisses der Quantengesetze möglich, die das Verhalten von Elektronen in Halbleitern bestimmen, die die Grundlage der modernen Elektronik bilden. Bei all dem wiederhole ich, wir verstehen nicht, was es ist.

Paradoxerweise bleibt die Quantenmechanik jedoch eines der größten Rätsel der Wissenschaft. Wenn uns Einsteins allgemeine Relativitätstheorie ein lebendiges Bild der gekrümmten Raumzeit gibt, dann bietet die Quantenmechanik kein solches intuitives Verständnis. Es öffnet uns eine Welt, in der Teilchen an mehreren Orten gleichzeitig sein können, in der die Realität vom Akt der Beobachtung abhängt, in der Wahrscheinlichkeit genaue Vorhersagen ersetzt.

Wir verfügen über ein riesiges Arsenal an mathematischen Werkzeugen, mit denen wir unglaublich genaue Berechnungen und Vorhersagen treffen können, aber was steckt hinter diesen Formeln? Was ist Quantenrealität? Auf diese Frage gibt es keine einheitliche Antwort. Wir haben nur verschiedene Interpretationen, von denen jede ihre eigene Sicht auf die Quantenwelt bietet, und keine von ihnen wird allgemein akzeptiert.

Das Hauptproblem:

Die Quantenmechanik ist eine äußerst erfolgreiche Theorie, die es uns ermöglicht, genaue Vorhersagen über das Verhalten mikroskopisch kleiner Teilchen zu treffen. Es gibt uns jedoch kein intuitives Verständnis dafür, was wirklich passiert. Dies führt dazu, dass Physiker oft auf mathematische Gleichungen beschränkt sind, ohne zu versuchen, ihre Bedeutung zu erklären.

Das Doppelspaltexperiment: Ein Fenster in die Quantenwelt

Eines der berühmtesten und mysteriösesten Experimente in der Quantenmechanik ist das Doppelspaltexperiment. Es zeigt deutlich die seltsame Natur der Quantenwelt und stellt unsere üblichen Vorstellungen von der Realität in Frage.

Das Wesen des Experiments: Stellen Sie sich eine dünne Platte mit zwei schmalen Schlitzen vor. Hinter der Platte ist ein Bildschirm platziert. Wenn ein Lichtstrahl (oder andere Teilchen, wie z. B. Elektronen) auf die Schlitze gerichtet wird, erscheint auf dem Bildschirm ein Interferenzmuster - ein Wechsel von hellen und dunklen Streifen.

Wenn Licht aus Teilchen besteht, würden wir erwarten, zwei separate Streifen auf dem Bildschirm zu sehen, die jedem Schlitz entsprechen. Stattdessen sehen wir ein Interferenzmuster, das für Wellen charakteristisch ist. Es ist, als ob jedes Lichtteilchen gleichzeitig durch beide Schlitze geht und sich selbst stört.

Einfach ausgedrückt, stellen Sie sich vor, wir leuchten mit einer Taschenlampe durch zwei Schlitze auf eine Wand

Wir erwarten, zwei Lichtstreifen zu sehen, aber stattdessen sehen wir viele Streifen, als ob sich das Licht in mehrere Strahlen aufgeteilt hätte und diese sich gegenseitig stören.

Wenn wir einen Schlitz schließen, verschwinden diese Streifen und wir sehen nur einen Lichtstreifen. Aber wenn wir zwei weitere Schlitze öffnen, erscheinen die Streifen wieder, aber in einer anderen Reihenfolge. Es ist, als ob Licht gleichzeitig durch alle Schlitze geht und ein komplexes Muster erzeugt.

Selbst wenn wir mit einer Taschenlampe sehr schwach leuchten, um jeweils einen Lichtstrahl auszusenden, erscheint das Muster trotzdem. Das bedeutet, dass jeder Lichtstrahl von anderen Strahlen zu wissen scheint und mit ihnen interagiert, obwohl wir es nicht sehen.

Betrachten wir dieses Problem kritisch. Wir fanden heraus, dass, wenn ein Photon diese Apparatur durchläuft, es einen Schlitz durchläuft. Dann wirkt etwas darauf ein, wodurch es von seiner Flugbahn abweicht. Dieser Einfluss hängt davon ab, welche anderen Slots geöffnet sind. Das heißt, Objekte, die das Photon beeinflussen, passieren andere Schlitze und verhalten sich wie Photonen, aber sie sind unsichtbar.

Wir können annehmen, dass es sich dabei um eine Art "Schatten"-Photonen handelt, die nur indirekt durch ihre Wirkung auf reale Photonen nachgewiesen werden können.

Jedes reale Photon wird von einer Eskorte von Schattenphotonen begleitet. Wenn ein Photon einen der Schlitze durchläuft, passieren einige Schattenphotonen den anderen Schlitz. Es gibt eindeutig viel mehr Schattenphotonen als reale. Deutsch und seine Kollegen kamen zu dem Schluss, dass es keine Obergrenze für die Anzahl der Schattenphotonen gibt, aber das Minimum ist eine Billion Schattenphotonen pro echtem.

Folgen Sie dem Gedanken sorgfältig: Was soll auf mikroskopischer Ebene passieren, wenn Schattenphotonen auf eine lichtundurchlässige Barriere treffen? Natürlich hören sie auf. Wir wissen das, weil die Interferenz aufhört, wenn eine undurchsichtige Trennwand im Weg von Schattenphotonen erscheint.

Aber warum? Was hält sie auf? Sie können sicherlich nicht von den realen Atomen der Partition absorbiert werden, denn angesichts der geschätzten Anzahl von Schattenphotonen würde die Partition einfach verdampfen. Wir würden es leicht auf viele verschiedene Arten reparieren.

Schattenphotonen interagieren nicht mit realen Atomen, aber die Schallwand beeinflusst sowohl reale als auch Schattenphotonen. Es stoppt sie. Aber Schatten- und reale Photonen wiederum beeinflussen die Partition auf unterschiedliche Weise. Soweit wir wissen, beeinflussen Schattenphotonen es überhaupt nicht, aber sie hören trotzdem auf.

Es gibt also neben der Existenz einer echten Partition auch eine Schattenpartition. Es ist nur eine unvermeidliche Schlussfolgerung. Ohne großen Aufwand verstehen wir, dass diese Schattenpartition aus Schattenatomen besteht, in denen es, wie wir bereits wissen, Schattenelektronen, Schattenprotonen und Schattenneutronen geben muss.

Einfach ausgedrückt, stellen Sie sich vor, ein Photon ist eine Lichtkugel, die Sie werfen. Wenn es fliegt, scheint es auf andere unsichtbare Bälle aus Parallelwelten zu stoßen. Wir sehen diese Kollisionen nicht, aber sie beeinflussen die Bewegung unseres Photons und verändern seine Flugbahn.

Könnte das wirklich wahr sein?

Natürlich sind dies sehr weitreichende Schlussfolgerungen, und wir haben es mit dem Mikrokosmos zu tun. Wie können wir nur aufgrund der Interferenz von Photonen, Lichtquanten, die nicht einmal Masse haben, von ganzen Paralleluniversen sprechen?

Aber wir haben bereits Interferenzmuster auf Fullerenmolekülen erhalten, einer der Formen von reinem Kohlenstoff. Dies ist praktisch ein klassisches Objekt. Mit anderen Worten, Teilchen werden in Paralleluniversen gruppiert. Sie sind insofern parallel, als Teilchen innerhalb jedes Universums auf die gleiche Weise miteinander interagieren wie in unserem Universum. Aber der Einfluss jedes Universums auf andere ist sehr schwach und manifestiert sich durch das Phänomen der Interferenz.

So haben wir eine Kette von Schlussfolgerungen abgeleitet, die mit seltsamen Schattenmustern beginnt und bei Paralleluniversen endet. **In** jeder Phase stellen wir fest, dass das Verhalten der von uns beobachteten Objekte nur durch das Vorhandensein unsichtbarer Objekte und deren bestimmte Eigenschaften erklärt werden kann.

Ein echtes Photon ist greifbar und ein Schattenphoton ist nur ein möglicher, aber nicht realisierter Weg eines echten Photons. In der Quantentheorie geht es um die Wechselwirkung des Realen mit dem Möglichen.

Aber warum nicht alles so lassen, wie es ist? Denn, wie Deutsch sagt, kann das Mögliche nicht mit dem Realen interagieren. Nicht existierende Objekte können die Flugbahn bestehender nicht ändern. Wenn ein Photon von seiner Flugbahn abweicht, muss etwas darauf einwirken. Es kann nicht sein, dass ein reales Ereignis (das Erscheinen eines Photons) durch ein imaginäres Ereignis (was das Photon hätte tun können, aber nicht getan hat) verursacht wurde.

Wie gesagt, Interferenz ist nicht nur auf Photonen beschränkt. Die Quantentheorie sagt voraus, und Experimente bestätigen, dass Interferenz bei jedem Teilchen auftritt. Somit muss jedes reale Elektron von einer Masse von Schattenelektronen begleitet werden, jedes reale Neutron von einer Masse von Schattenneutronen und so weiter.

Die Realität ist also viel größer, als es scheint, und das meiste davon ist unsichtbar. Wir könnten die Sammlung von Schattenteilchen als Paralleluniversum bezeichnen, da Schattenteilchen nur durch das Phänomen der Interferenz von realen Teilchen beeinflusst werden.

Aber wir können noch weiter gehen. Schattenteilchen sind voneinander getrennt, ebenso wie das Universum der realen Teilchen. Mit anderen Worten, sie bilden kein homogenes Paralleluniversum, sondern eine Vielzahl von Paralleluniversen, von denen jedes in seiner Zusammensetzung dem realen ähnlich ist und denselben physikalischen Gesetzen gehorcht, sich jedoch von anderen in der Anordnung der Teilchen unterscheidet.

Das mystische Verschwinden

Stellen Sie sich ein Experiment vor, das so beeindruckend ist, dass es den Begriff der Realität selbst in Frage stellt. Wir richten einen Lichtstrahl auf einen Bildschirm mit zwei schmalen Schlitzen. Was erwarten wir zu sehen? Zwei Lichtstreifen, einer gegenüber jedem Schlitz. Stattdessen erscheint auf dem Bildschirm ein kompliziertes Muster aus abwechselnden hellen und dunklen Streifen - ein Interferenzmuster (das wissen wir bereits).

Dieses Phänomen ist leicht zu erklären, wenn wir uns Licht als Welle vorstellen. Wellen, die durch die Schlitze gehen, interferieren miteinander und erzeugen das beobachtete Muster. Aber was passiert, wenn wir versuchen festzustellen, durch welchen Schlitz jedes Lichtphoton geht?

In diesem Moment passiert etwas Unglaubliches: Das Interferenzmuster verschwindet und nur noch zwei Streifen bleiben auf dem Bildschirm. Photonen beginnen sich wie Teilchen zu verhalten und passieren streng einen der Schlitze, wie unser Gehirn erwartet hatte.

Der unsichtbare Beobachter

Es ist, als ob die Photonen "wissen", dass sie beobachtet werden und ihr Verhalten ändern. Aber wie ist das möglich? Vielleicht beeinflusst der Detektor die Photonen irgendwie?

Wissenschaftler führten ein Experiment durch, indem sie einen Detektor in der Nähe nur eines der Schlitze installierten. Und selbst in diesem Fall trat das Interferenzmuster nicht auf, als die Photonen den anderen Schlitz passierten. Die Photonen verhielten sich, als ob sie von der Möglichkeit einer Messung "wüssten", auch wenn die Messung nicht stattfand.

Dieses Phänomen wird als "Kollaps der Wellenfunktion" bezeichnet. Ein Photon, das sich in einer Überlagerung von Zuständen befindet (d. h. potenziell durch beide Schlitze hindurchgeht), "wählt" bei der Messung einen der Zustände und wird zu einem Teilchen.

Die Kopenhagener Interpretation

Die klassische Interpretation der Quantenmechanik, bekannt als Kopenhagener Interpretation, versucht dieses Paradox zu erklären. Nach dieser Interpretation ist die Welt in Quantenobjekte (Photonen) und klassische Messgeräte unterteilt.

Ein Photon existiert vor der Messung in Form einer Wahrscheinlichkeitswelle und befindet sich in einer Überlagerung von Zuständen. Bei der Interaktion mit einem klassischen Gerät (z. B. einem Detektor oder einem Bildschirm) kollabiert die Wellenfunktion jedoch und das Photon wird an einem bestimmten Ort zu einem Teilchen.

Fragen ohne Antworten

Die Kopenhagener Interpretation wirft viele Fragen und Kontroversen auf. Die Aufteilung der Welt in Quanten und Klassik erscheint künstlich und hat keine klare Begründung. Außerdem gibt es ein Gefühl des mystischen Einflusses des Betrachters auf die Quantenwelt.

Einige Wissenschaftler schlagen alternative Interpretationen vor, wie beispielsweise die Vielwelten-Interpretation, bei der jede Messung zur Aufspaltung des Universums in viele Parallelwelten führt.

Das Multiversum und seine Wahrscheinlichkeiten

Wenn die Anzahl der Universen unendlich ist, dann gibt es Ereignisse, die so unwahrscheinlich sind, dass sie im Multiversum einfach nicht existieren. Aber wenn es unendlich viele Universen gibt, dann passiert alles, was passieren kann, alles, was den Gesetzen der Physik nicht widerspricht. Sogar die Explosion der Sonne durch die zufällige Bewegung aller ihrer Atome zum Zentrum. Natürlich hat ein solches Ereignis eine vernachlässigbare Wahrscheinlichkeit, aber es existiert ein Zweig mit einem solchen Ereignis.

Streng genommen gibt es in diesem Fall unendlich viele Universen, in denen die Sonne explodiert ist. Aber diese Unendlichkeit ist ungleich kleiner als die Unendlichkeit der Universen, in denen sich die Sonne gut anfühlt. Die Dichte dieser Unendlichkeiten ist unterschiedlich, auch wenn ihre Anzahl unendlich ist.

Ich mag es nicht, Unendlichkeit zu verwenden. Dieses Konzept bringt mein Gehirn durcheinander und es passt nicht sehr gut zu den physikalischen Gesetzen, bei denen alles durch Erhaltungssätze erklärt wird, also sagen wir zum Beispiel, dass jedes Atom eine Billion mögliche Pfade hat. Wenn zwei Atome interagieren, wird die Anzahl der Kombinationen dieser Pfade riesig, aber immer noch endlich. Dieser Ansatz vermeidet die Notwendigkeit, mit Unendlichkeiten zu arbeiten, während die Hauptidee der Vielwelten-

Interpretation beibehalten wird - die Aufspaltung der Realität in viele Zweige mit jeder Interaktion.

Dieser Ansatz behält die Hauptidee der Vielwelten-Interpretation bei - die Aufspaltung der Realität in viele Zweige mit jeder Interaktion -, macht sie aber verständlicher und konsistenter mit unserer intuitiven Wahrnehmung der Welt.

Vielwelten-Interpretation und Dekohärenz

Die Vielwelten-Interpretation besagt im Gegensatz zur Kopenhagener Interpretation, dass die ganze Welt quantenhaft ist. Das ist konsequenter als die Kopenhagener Quanten-Klassik-Welt. Es gibt keinen mystischen Beobachter in der Vielwelten-Interpretation, der die Wellenfunktion zerstört. Stattdessen gibt es einen Prozess der ständigen Spaltung, der Dekohärenz genannt wird.

Im Doppelspaltexperiment fliegen Photon gleichzeitig durch die Schlitze auf alle möglichen Arten. Indem wir ein Photon messen, verstricken wir uns damit und spalten uns in alle Versionen von uns selbst auf, nachdem wir das Photon in allen möglichen Zuständen gemessen haben. So breiten wir uns entlang der Wahrscheinlichkeitszweige im Multiversum aus.

Entropie und Messung

Messung ist jede Wechselwirkung, die irreversibel ist. Dafür muss der Betrachter nicht intelligent sein. Der Mond existiert wirklich, auch wenn niemand ihn betrachtet, denn der Mond ist ein riesiges Makrosystem, in dem ständig irreversible Wechselwirkungen stattfinden.

Indem er ein Quantensystem misst, das sich in Superposition befindet, wird der Beobachter mit ihm verschränkt und spaltet sich in alle möglichen Versionen seiner selbst auf, wodurch er sich für einen anderen Beobachter in Superposition befindet. Dann beobachtet der zweite Beobachter den ersten, verstrickt sich mit ihm und spaltet sich auch in alle möglichen Versionen seiner selbst auf und so weiter, bis das gesamte Universum beteiligt ist.

Was wir als Kollaps der Wellenfunktion beobachten, ist nichts anderes als unsere Unfähigkeit, das Objekt und die Umgebung, mit der es verschränkt ist, zu entwirren.

Dekohärenz und der Zusammenbruch der Wellenfunktion

Die Vielwelten-Interpretation bietet eine alternative Sichtweise des Zusammenbruchs der Wellenfunktion. Anstelle eines mystischen "Beobachters", der den Zusammenbruch verursacht, führt er das Konzept der Dekohärenz ein – den Prozess des Verlusts der Kohärenz zwischen verschiedenen Zuständen eines Quantensystems infolge der Wechselwirkung mit der Umgebung.

Im Doppelspaltexperiment tritt Dekohärenz auf, wenn ein Photon mit einem Detektor interagiert, und wir beobachten nur eines der möglichen Ergebnisse – ein Photon, das einen der Schlitze passiert hat. Andere mögliche Ergebnisse verschwinden nicht, sondern existieren weiterhin in anderen Realitätszweigen, mit denen wir die Kohärenz verloren haben.

Entropie und Messung

Der Prozess der Dekohärenz ist eng mit dem Begriff der Entropie verbunden – einem Maß für die Unordnung eines Systems. Messung als Wechselwirkung eines Quantensystems mit der Umgebung führt zu einer Zunahme der Entropie und dementsprechend zur Dekohärenz.

Dieser Prozess ist irreversibel, was erklärt, warum wir die Zeit nicht zurückdrehen und das Interferenzmuster sehen können, nachdem das Photon gemessen wurde. Informationen über den Ausgangszustand des Systems gehen durch Dekohärenz verloren.

Quanteninterferenz und Festkörper

Quanteninterferenz spielt eine wichtige Rolle bei der Bildung von Festkörpern. Ohne Quanteninterferenz könnten Atome keine stabilen Strukturen bilden und Materie würde nur in Form unterschiedlicher Teilchen existieren.

Überlagerung und Isolation

Eine Superposition für makroskopische Objekte wie den Mond zu schaffen, ist eine äußerst schwierige Aufgabe. Dies erfordert eine absolute Isolation von jeglichen äußeren Einflüssen, die praktisch nicht zu erreichen ist.

Schon ein einzelnes Photon, das von der Mondoberfläche reflektiert wird, kann die Superposition zerstören. Daher können wir im Alltag keine Quanteneffekte auf makroskopischer Ebene beobachten.

Subjektivität von Zeit und Raum

In unserem täglichen Leben gehen wir normalerweise davon aus, dass es ein objektives "Jetzt" und "Hier" gibt, das für alle gleich ist. Wir leben mit dem Gefühl, dass die Zeit kontinuierlich von der Vergangenheit über die Gegenwart in die Zukunft fließt und dass der Raum eine stabile dreidimensionale Bühne ist, auf der sich die Ereignisse unseres Lebens abspielen. Moderne wissenschaftliche Theorien, insbesondere die Quantenmechanik und die Relativitätstheorie, stellen diese intuitiv verständlichen Vorstellungen jedoch in Frage.

Die Quantenmechanik, insbesondere in der Vielwelten-Interpretation, bietet ein radikal anderes Bild der Realität. Nach dieser Interpretation tritt jedes mögliche Ergebnis einer Quantenmessung in einem separaten Universum auf. Was wir also als einen einzigen Strom von Ereignissen wahrnehmen, ist eigentlich nur eine von vielen parallelen Geschichten. Das bedeutet, dass "jetzt" und "hier" viele verschiedene Bedeutungen haben können, je nachdem, in welchem Universum sich der Beobachter befindet.

Jeder Beobachter hat sein eigenes "Jetzt" und "Hier", die durch seine individuelle Erfahrung bestimmt werden. Diese Erfahrung kann sich stark von der Erfahrung anderer Menschen unterscheiden. Bei extremen Ereignissen wie einem Unfall oder intensiver sportlicher Betätigung scheint sich die Zeit beispielsweise zu verlangsamen oder zu beschleunigen. Diese subjektiven Veränderungen in der Zeitwahrnehmung unterstreichen, dass unser Zeitgefühl persönlich und kontextabhängig ist.

Wir nehmen die Zeit als Fluss wahr, aber das ist nur eine Illusion, die von unserem Bewusstsein erzeugt wird. Die Wissenschaft legt nahe, dass die Zeit eher eine vierte Dimension des Raums sein könnte als ein Pfeil, der von der Vergangenheit in die Zukunft fliegt. In der Raumzeit existieren alle Momente gleichzeitig, wie eingefrorene Einzelbilder eines Films. Unser Bewusstsein bewegt sich von einem Bild zum anderen und erzeugt die Illusion einer Zeitbewegung.

Die Vorstellung, dass alle Momente in der Zeit gleichzeitig existieren, hat tiefgreifende philosophische Implikationen. Dies bedeutet, dass unser Gefühl für Veränderung und den Fluss der Zeit subjektiv und kein objektives Phänomen ist. Vielleicht existieren Vergangenheit, Gegenwart und Zukunft gleichzeitig, und wir nehmen sie aufgrund der Besonderheiten unseres Bewusstseins einfach nacheinander wahr.

Moderne wissenschaftliche Theorien untergraben somit unser intuitives Verständnis von Zeit und Raum. Sie zeigen, dass diese Konzepte viel komplexer und subjektiver sein können, als wir dachten. Dies eröffnet neue

Horizonte für das Verständnis der Natur der Realität und unseres Platzes darin.

KAPITEL 5: Die Zeit als Illusion

Subjektive Wahrnehmung der Zeit

1972 verbrachte der französische Geologe Michel Siffre sechs Monate in einer Höhle in Texas, um die Auswirkungen längerer Isolation auf den menschlichen Körper zu untersuchen. Die Bedingungen waren hart: konstante Temperatur, kein Sonnenlicht und keine Uhren.

Siffre lebte in einem freien Rhythmus und bestimmte selbstständig seine Schlaf- und Wachzyklen. Seine Zeitwahrnehmung begann sich jedoch zu verändern. Anfangs verlängerten sich seine subjektiven Tage auf 25–26 Stunden und erreichten dann erstaunliche 48 Stunden, das Doppelte der Norm.

Als das Experiment beendet war, stellte Siffre überrascht fest, dass er 179 Tage in der Höhle verbracht hatte und nicht 151, wie er geglaubt hatte. Sein inneres Zeitgefühl hatte sich so verlangsamt, dass er 28 Tage daneben lag.

Siffres Fall ist kein Einzelfall. Andere Isolationsexperimente haben auch gezeigt, dass Menschen dazu neigen, ihr Zeitgefühl zu verlieren.

- 1988 verbrachte Veronica Le Guen 111 Tage in einer Höhle in Frankreich, glaubte jedoch, es seien nur 42 Tage vergangen.
- 1989 verbrachte die italienische Designerin Stefania Follini 4 Monate in einer tiefen Höhle, glaubte aber, sie sei nur 2 Monate dort gewesen.
- 1993 lebte ein italienischer Soziologe ein ganzes Jahr in einer unterirdischen Höhle, doch als er wieder auftauchte, glaubte er, es sei Sommer, obwohl es tatsächlich Winter war.

Die obigen Fälle zeigen deutlich, dass unsere subjektive Zeitwahrnehmung nicht objektiv ist. Man könnte argumentieren, dass subjektive Zeit wie jede subjektive Erfahrung lediglich ein Produkt der Gehirnaktivität ist und außerhalb dieser nicht existiert.

Natürlich unterliegt die subjektive Zeit wie die meisten subjektiven Gefühle auch Illusionen und Verzerrungen. Aber warte! Wenn wir uns umschauen, sehen wir ein ganzes Bild der Welt, das vom Gehirn geschaffen wurde. Wenn es jedoch um ein subjektives Phänomen wie Farbe geht, wissen wir (so gut es geht), dass Farbe ein physikalisches Äquivalent hat – die Wellenlänge elektromagnetischer Strahlung. Das heißt, das Gehirn interpretiert, wenn auch subjektiv, ein objektives Phänomen, das in der Natur tatsächlich existiert.

Aber was interpretiert das Gehirn, wenn wir über das Gefühl des Zeitverlaufs sprechen? Was ist das eigentliche Äquivalent dieses Gefühls? Wenn Sie denken, dass dies eine dumme Frage mit einer offensichtlichen Antwort ist, dann wissen Sie nicht einmal das Wenige, was die Wissenschaft heute über die Zeit weiß. Denn das, was Sie gerade fühlen, das Gefühl des gegenwärtigen Moments, ist eines der größten ungelösten wissenschaftlichen Rätsel.

Die Objektivität der Zeit

Was ist Zeit objektiv? Auch damit gibt es große Probleme. Schon der heilige Augustinus, Philosoph und Theologe, schrieb vor mehr als anderthalbtausend Jahren: „Wenn mich niemand danach fragt, weiß ich, was Zeit ist. Aber wenn ich es dem Fragesteller erklären wollte, weiß ich es nicht." Der Physiker Richard Feynman sagte: „Es wäre schön, wenn wir uns damit abfinden würden, dass Zeit eines der Dinge ist, die wir wahrscheinlich nicht definieren können."

Tatsächlich kommt es nicht darauf an, wie wir Zeit definieren, sondern wie wir sie messen. Daher lautet die Arbeitsdefinition wörtlich: „Zeit ist das, was Uhren anzeigen."

Aber wenn Sie dennoch versuchen, diese Frage detailliert zu beantworten, werden die meisten Menschen intuitiv zu dem Schluss kommen, dass Zeit eine Abfolge von Ereignissen ist, die aus der Vergangenheit durch die Gegenwart in die Zukunft fließen. In diesem Fall ist nur der gegenwärtige Moment real, denn jeder Moment, der in die Vergangenheit übergeht, verschwindet sofort, und die Zukunft muss erst noch geschehen und existiert noch nicht. Im Allgemeinen sind Vergangenheit und Zukunft nur unsere Abstraktionen.

Einsteins Zug und die Relativität der Gleichzeitigkeit

Stellen Sie sich einen Zug vor, der sich mit hoher Geschwindigkeit bewegt. In der Mitte des Zuges befindet sich eine Person mit zwei Pistolen, die bereit ist, am Anfang und Ende des Wagens auf die Fenster zu schießen. Diese Pistolen sind so stark, dass die Kugeln, die sie abfeuern, sich mit einer Geschwindigkeit bewegen, die sich der Lichtgeschwindigkeit nähert.

Wenn die Person schießt, passiert tatsächlich etwas Erstaunliches. Für einen Beobachter im Zug zerbrechen beide Fenster gleichzeitig. Für einen Beobachter auf der Plattform sieht die Sache jedoch etwas anders aus. Die nach hinten abgefeuerte Kugel erreicht das hintere Fenster und bricht es zuerst, da sich beide in die gleiche Richtung bewegen. Aber die nach vorne fliegende Kugel muss die Bewegung des Zuges überwinden, sodass sie das vordere Fenster etwas später erreicht. Denn für den Beobachter auf der Plattform hat die nach vorne fliegende Kugel eine höhere Geschwindigkeit als die nach hinten fliegende Kugel, und die Zeit wird sich für sie „verlangsamen", um die Lichtgeschwindigkeitsgrenze nicht zu überschreiten.

Aus Sicht des Beobachters auf dem Bahnsteig bricht also zunächst die Heckscheibe und dann die Frontscheibe. Dieses Phänomen, das unseren Intuitionen widerspricht, ist das Ergebnis spezieller Effekte, die als Effekte der speziellen Relativitätstheorie bekannt sind.

Dieses Phänomen wird Relativität der Gleichzeitigkeit genannt. Es legt nahe, dass es in unserer Welt zwei verschiedene Realitäten gibt. In einer Realität sind beide Fenster entweder gleichzeitig intakt oder zerbrochen, während es in der anderen einen Moment gibt, in dem die Heckscheibe bereits zerbrochen und die Frontscheibe noch nicht zerbrochen ist.

Dies sind keine zwei verschiedenen Universen, beide Menschen befinden sich im selben Universum. Sie werden sich jedoch nicht darüber einigen, wann die Fenster zerbrochen sind.

So seltsam diese Situation auch erscheinen mag, die spezielle Relativitätstheorie besagt, dass beide Realitäten gleichermaßen real sind. Es gibt kein absolutes „Jetzt", die Gleichzeitigkeit von Ereignissen hängt vom Bezugsrahmen des Betrachters ab.

Dieses Paradox stellt unser intuitives Verständnis von Zeit und Raum in Frage. Es zeigt, dass die Realität viel komplexer und erstaunlicher ist, als wir dachten.

Zwei gleiche Realitäten

Die spezielle Relativitätstheorie behauptet, dass beide im Gedankenexperiment mit Einsteins Zug beschriebenen Realitäten absolut gleich sind. Obwohl dies seltsam und unlogisch erscheinen mag, ist dies das Bild der Welt, das uns die Gesetze der Physik zeichnen.

Oft endet an dieser Stelle die Diskussion und wir akzeptieren diese Tatsache einfach als gegeben. Aber wie soll das Universum aussehen, in dem das möglich ist? Wie können widersprüchliche Aussagen gleichzeitig wahr sein?

Um zu verstehen, dass beide Realitäten in einem Gedankenexperiment gleich sind, müssen wir unser Verständnis der Natur von Zeit, Raum und Bewegung tiefgreifend verfeinern. Diese Aufgabe erfordert nicht nur die Fähigkeit, intuitiv nicht offensichtliche physikalische Phänomene zu akzeptieren, sondern auch die Fähigkeit zu verstehen, wie diese Phänomene auf den riesigen Skalen des Kosmos zusammenwirken.

In diesem Zusammenhang können wir uns das Universum als ein komplexes System vorstellen, in dem jedes Objekt und jedes Ereignis andere beeinflusst. Nach der Relativitätstheorie hat jeder Punkt der Raumzeit seine eigene unabhängige Geschichte, und Beobachter, die sich relativ zueinander bewegen, können unterschiedliche Vorstellungen davon haben, was gleichzeitig geschieht.

Somit liegt die Gleichheit beider Realitäten darin, dass keine objektiver oder wahrer ist als die andere. Beide Realitäten existieren und haben ihre eigenen Gesetze, die die physikalischen Prinzipien widerspiegeln, die wir in unserem Universum beobachten.

Ein Modell des Universums, das der Intuition trotzt

Seit über einem Jahrhundert versuchen Wissenschaftler, ein Modell des Universums zu erstellen, das mit den Gesetzen der Physik vereinbar ist und das Paradox der Gleichzeitigkeit erklärt. Und ein solches Modell existiert, obwohl es weit von unserer Alltagsintuition entfernt ist.

Dieses Modell wird von vielen Physikern und Philosophen akzeptiert, weil es durch die Gesetze der Physik gestützt wird. Es ist jedoch nicht sehr tröstlich, denn das Bild, das es zeichnet, ist nicht sehr angenehm und ermutigend.

Der komplexeste Mechanismus im Universum – unser Gehirn – hat sich nicht entwickelt, um die Natur der Zeit zu verstehen. Das widersprüchliche Bild des Universums, das uns die Physik offenbart, hat jedoch wahrscheinlich den Aufbau des menschlichen Gehirns selbst beeinflusst.

Wie wir später sehen werden, gibt die Struktur unseres Gehirns zusammen mit den Gesetzen der Physik gewissermaßen Hinweise darauf, was Realität und Zeit sind.

Das Buch des amerikanischen Neurobiologen Dean Buonomano „Dein Gehirn ist eine Zeitmaschine" untersucht, wie das menschliche Gehirn Zeit kodiert. Buonomano, einer der ersten Neurobiologen, der einen bedeutenden Teil seiner Karriere diesem Thema widmete, untersuchte die Arbeit verschiedener Wissenschaftler, um zu verstehen, wie unser Gehirn ein Gefühl für den Fluss der Zeit erzeugt.

Die Illusion der Zeit

Seit mehr als einem Jahrhundert versuchen Wissenschaftler, zumindest etwas in der physischen Welt zu finden, das man als Fluss der Zeit bezeichnen könnte. Bisher erfolglos. Daher kommt Buonomano, wie viele andere Wissenschaftler vor ihm, zu dem Schluss, dass unsere Wahrnehmung des Zeitflusses nur eine Illusion sein kann.

Einstein erklärte seine Relativitätstheorie damit, dass Zeit relativ sei und von der Bewegung des Beobachters abhänge. Für eine Person, die sich mit hoher Geschwindigkeit bewegt, vergeht die Zeit beispielsweise langsamer als für eine Person in Ruhe.

Buonomano glaubt, dass unser Zeitgefühl das Ergebnis der Gehirnarbeit und nicht die Widerspiegelung einer objektiven Realität ist. Er vergleicht dieses Gefühl mit anderen subjektiven Gefühlen wie Farbe oder Geschmack, die ebenfalls das Ergebnis der Interpretation von Signalen der Sinne durch das Gehirn sind.

Innere Uhr und die Vorhersage der Zukunft

Trotz der Zeitverzerrung in Isolation verfügt unser Körper über eine innere Uhr, die uns hilft, uns in der Zeit zu orientieren. Wir spüren intuitiv, wann die Ampel grün wird oder wann der Fernsehwerbespot endet.

Laut Dean Buonomano sind die Mechanismen der Zeitbestimmung auf der grundlegendsten Ebene – auf der Ebene von Neuronen, Synapsen und ihren Netzwerken – in die Betriebssysteme des Gehirns eingebaut. Daher ist es sinnlos, nach einem separaten Teil des Gehirns zu suchen, der für die Wahrnehmung der Zeit verantwortlich ist, da die meisten neuronalen Netzwerke auf die eine oder andere Weise an diesem Prozess beteiligt sind.

Im weitesten Sinne kann das Gehirn als Zeitmaschine bezeichnet werden. Natürlich nicht im Sinne von Zeitreisen, sondern im Sinne des Arbeitens mit der Zeit. Seit Hunderten von Millionen Jahren haben Tiere die Fähigkeit entwickelt, die Zukunft vorherzusagen. Raubtiere lernten, das Verhalten ihrer Beute vorherzusagen, und Beutetiere – das Verhalten von Raubtieren. Sie alle versuchten, das Verhalten potenzieller Partner vorherzusagen.

Einige Tiere bereiten sich auf die Zukunft vor, indem sie Nahrung lagern, Nester bauen und so weiter. Das Leben auf der Erde nimmt den Wechsel der Jahreszeiten, Tag und Nacht vorweg. Diejenigen, die diese Aufgabe nicht bewältigten, überlebten nicht und hinterließen keine Nachkommen.

Automatische Vorhersage der Zukunft

Ob wir es merken oder nicht, unser Gehirn versucht ständig vorherzusagen, was gleich passieren wird. Diese kurzfristigen Vorhersagen, etwa einige Sekunden im Voraus, erfolgen automatisch und unbewusst. Wenn Sie beispielsweise einen Ball von einem Tisch fallen lassen, machen wir automatisch eine Bewegung, um ihn zu fangen, wenn er vom Boden abprallt. Aber wir reagieren ganz anders, wenn ein Stück Kuchen vom Tisch fällt.

Menschen und andere Tiere versuchen ständig, Vorhersagen für verschiedene Zeiträume zu treffen. Eine Katze, die in ein neues Haus gekommen ist, erstellt angespannt eine Karte des Gebiets in ihrem Kopf, schnüffelt an allem herum und bereitet sich auf das vor, was nicht nur in wenigen Sekunden, sondern auch in wenigen Minuten oder sogar Stunden passieren könnte.

Ein Wolf, der anhält, um einige Zeichen, Geräusche und Gerüche aufzunehmen, sucht nach Hinweisen, die ihm helfen, potenzielle Feinde, Beute oder einen Partner zu identifizieren.

Sogar bestäubende Vögel können die Zeit messen, die seit ihrem letzten Besuch bei einer bestimmten Blume vergangen ist, damit der Nektar bis zum nächsten Mal Zeit hat, sich anzusammeln.

Innere Uhr und die Vorhersage der Zukunft

Fast alle Lebensäußerungen, von der Fähigkeit, ein bewegliches Ziel mit einem Speer zu treffen, zu verstehen, wann man am Ende eines Witzes lachen oder Beethovens "Mondscheinsonate" spielen muss, bis hin zur Fähigkeit, den täglichen Schlaf-Wach-Zyklus oder den monatlichen Menstruationszyklus zu regulieren - all dies erfordert die Fähigkeit, Zeit zu bestimmen.

Das Gehirn zählt nicht nur die Sekunden, Stunden und Tage unseres Lebens, sondern erkennt und erzeugt auch zeitliche Bilder, wie musikalische Rhythmen und präzise Bewegungsabläufe, die es Turnern ermöglichen, akrobatische Stunts auszuführen. Unser natürliches Verlangen, im Takt der Musik in die Hände zu klatschen, mit den Fingern zu schnippen oder mit dem Kopf zu nicken.

Ihr Gehirn schaut einige hundert Millisekunden voraus, sagt den nächsten Schlag voraus und synchronisiert Ihre Aktionen damit. Wenn Sie verstehen möchten, wie tief dies in uns verwurzelt ist, versuchen Sie, den Rhythmus der Musik zu brechen und beispielsweise zeitlich versetzt mit den Fingern zu schnippen. Dazu müssen Sie Ihre ganze Aufmerksamkeit darauf richten, während das Halten des Rhythmus der Musik fast keine Konzentration erfordert.

Das Gehirn erschafft den Fluss der Zeit

Nicht nur die Vorhersage, sondern auch das Gefühl des Zeitflusses, die Kontinuität des gegenwärtigen Moments, ist die Schöpfung unseres Gehirns. Dies lässt sich leicht mit einem einfachen Experiment überprüfen.

Bitten Sie jemanden, sich vor Sie zu stellen und abwechselnd in Ihr linkes und rechtes Auge zu schauen. Sie werden feststellen, dass sich die Augen der Person bewegen und diese Bewegung einige Zeit in Anspruch nimmt.

Gehen Sie nun zum Spiegel und versuchen Sie dasselbe, indem Sie auf das linke oder rechte Auge Ihres Spiegelbildes schauen. Sie werden feststellen, dass Ihr Spiegelbild überhaupt nicht blinzelt, es versucht es nicht einmal. Dies liegt daran, dass das Gehirn diesen Moment und alle Momente, die auftreten, wenn Sie Ihre Augen von einem Objekt zum anderen bewegen, einfach ausschneidet. Wir bemerken es nicht einmal, das Bild erscheint uns kontinuierlich.

Dasselbe passiert beim Blinzeln. Das Gehirn fügt Bilder vor und nach dem Schließen der Augenlider zusammen. Man kann sagen, dass dies Kleinigkeiten sind, aber zum Beispiel bei einer Geschwindigkeit von 100 km/h fährt ein Auto während eines Blinzelns etwa 5 Meter. 5 Meter, die für Sie einfach nicht existieren.

Es ist klar, warum dies geschieht. Wir haben uns nicht entwickelt, um unter solchen Bedingungen Entscheidungen zu treffen, daher ist es so gefährlich, in der Stadt zu fahren. Formel-1-Rennfahrer, bei denen die Geschwindigkeiten 350 km/h überschreiten, lernen im Allgemeinen, nur in bestimmten Abschnitten der Strecke zu blinken.

Im Allgemeinen laufen wir tagsüber etwa eine Stunde geschnittenes Material. Die Illusion der Kontinuität der Realität ist also das Verdienst des Gehirns. Das einzige, was wir direkt leben, ist das ewige "Jetzt".

Das ewige "Jetzt" von Clive Wearing

In Wirklichkeit können wir zu keinem anderen Zeitpunkt als im "Jetzt" sein. Und gleichzeitig, wenn wir versuchen, genau dieses "Jetzt" zu erfassen, entgleitet es uns sofort.

Aber nicht für alle. Es gibt einen Mann mit einer seltenen spezifischen Hirnverletzung, aufgrund derer sein gegenwärtiger Moment vor etwa 40 Jahren in gewissem Sinne immer noch stehen geblieben ist. Dies ist der britische Musikkritiker Clive Wearing, der nach einer schweren Infektionskrankheit und einer Schädigung des Hippocampus die Fähigkeit, starke neue Langzeitgedächtnisse zu bilden, vollständig verloren hat.

Dies ist einer der schwersten Fälle von Amnesie der Welt. Seine Erinnerung an Ereignisse dauert 7 bis 30 Sekunden. Sein ganzes Leben besteht darin, dass er im Durchschnitt alle 20 Sekunden "aufwacht" und sein Bewusstsein nach Ablauf seines Kurzzeitgedächtnisses neu startet.

Alle paar Dutzend Sekunden, seit fast 40 Jahren, scheint es ihm, als sei er gerade aus dem Koma erwacht. Wenn er länger als ein paar Sätze in ein Gespräch verwickelt ist, wird ihm geraten, ein persönliches Tagebuch zu führen, was er auch tut.

Aber wenn man hineinschaut, sehen wir ein Bild, das Entsetzen hervorruft. Seite für Seite sehen die Einträge so aus:

"8:30 Uhr. Jetzt bin ich wirklich völlig wach."

Dann streicht Waring diese Zeile durch und schreibt:

"9:06 Uhr. Jetzt bin ich definitiv wach."

Wieder durchgestrichen:

"9:34 Uhr. Jetzt bin ich ganz sicher wirklich wach."

Wenn wir seine Tagebücher untersuchen, sehen wir, dass er irgendwann beginnt, die Zeit in großen Zahlen zu schreiben, mit solchem Druck, als ob er versuchen würde, sich im Kontinuum zu markieren, in den Zug der Zeit einzusteigen.

Es ist wie ein kleiner Tod alle paar Dutzend Sekunden, gegen den er so verzweifelt versucht zu kämpfen. Die Inschrift in riesigen Buchstaben: "ICH LEBE!" Und jedes Mal wusste er nicht, wie und von wem die vorherigen Einträge gemacht wurden, obwohl er seine Handschrift erkannte.

Da Waring nicht verstehen kann, wo er ist oder wie er hierher gekommen ist, ist die einzig mögliche Erklärung für sein Gehirn, dass er gerade aufgewacht ist. Eine Endlosschleife eines einzigen Moments.

In einem Dokumentarfilm aus dem Jahr 2005 beantwortet Waring ähnliche Fragen:

"Sie sind die ersten Menschen, die ich gesehen habe. Ihr drei: zwei Männer und eine Dame. Die ersten Menschen, die ich gesehen habe, seit ich krank geworden bin. Es gibt keinen Unterschied zwischen Tag und Nacht. Überhaupt keine Gedanken, keine Träume..."

Die Geschichte von Clive Wearing ist tragisch, obwohl sie nicht beweist, aber dennoch darauf hindeutet, dass der Moment, den wir "jetzt" nennen, für Menschen möglicherweise mit dem Kurzzeitgedächtnis verbunden ist und nicht in einem Moment, sondern wie in Rucken mit einer gewissen Dauer in der Zeit auftritt. Das heißt, das bewusste Gefühl der Gegenwart kann eher mit einer Note als mit einem Standbild eines Films verglichen werden.

Materie und Bewusstsein

Der Neuropsychologe, Linguist und emeritierte Professor für Psychologie an der Harvard University, Steven Pinker, bemerkte: "Materie ist im Raum verteilt, aber Bewusstsein existiert in der Zeit." (Erinnern Sie sich an dieses Zitat, es wird in den folgenden Abschnitten nützlich sein). Diese Aussage ist so offensichtlich wie "Ich denke, also bin ich."

Es stellt sich jedoch die Frage: Wie dicht ist das Bewusstsein in der Zeit verteilt? Wie kurz ist ein Moment, den wir erfassen können?

Der Einfluss psychoaktiver Substanzen auf die Wahrnehmung der Zeit

Unser Zeitgefühl verändert sich unter dem Einfluss psychoaktiver Drogen dramatisch. Einer der Begründer der modernen Psychologie, William James, schrieb: "Wenn man mit Haschisch berauscht ist, gibt es ein interessantes Gefühl der Zeitdehnung. Wir beginnen einen Satz zu sprechen, aber wenn wir das Ende erreichen, scheint es, als hätten wir vor einer Ewigkeit angefangen zu reden."

Die aktive Komponente von Haschisch oder Marihuana, Tetrahydrocannabinol (THC), verursacht in der Tat nach experimentellen Daten ein Gefühl der Verlangsamung oder des Anhaltens der äußeren Zeit. Nach der Anwendung schätzten die Menschen das Zeitintervall von einer Minute auf 42 Sekunden.

Aber die Veränderung der Zeitwahrnehmung findet nicht nur unter dem Einfluss von Substanzen statt. Wir haben oft gehört, und einige haben sogar erlebt, wie sich die Zeit in schweren emotionalen Belastungen oder lebensbedrohlichen Situationen verlangsamt.

Die Gründe für eine solche Zeitverzerrung sind nicht vollständig geklärt. Es gibt mehrere Hypothesen:

- **Übertaktung des Gehirns.** In Analogie zur Übertaktung eines Prozessors schlägt Buonomano vor, dass das Gehirn seine Effizienz kurzzeitig um 10-20% steigern kann.
- **Hyper-Erinnerung.** Menschen nehmen Ereignisse nicht zum Zeitpunkt des Ereignisses in Zeitlupe wahr, sondern später, wenn sie sich daran erinnern. Während der "Kampf-oder-Flucht"-Reaktion kann das Gehirn die zeitliche und räumliche Trennung des Gedächtnisses erhöhen. Im Rückblick scheint es daher, dass alles langsamer passiert ist.
- **Subjektive Zeitverzerrung.** Der Autor des Buches hatte einen Autounfall und fühlte, dass sich die Zeit verlangsamt hatte. Das Video des Unfalls zeigte jedoch, dass alles mit normaler Geschwindigkeit ablief. Dies bestätigt, dass unsere Zeitwahrnehmung in solchen Momenten verzerrt sein kann.

Meta-Illusion: Die Illusion der Zeit

Buonomano schlägt eine dritte, sehr interessante Hypothese vor, die "Meta-Illusion" genannt wird. Um ihr Wesen zu verstehen, versuchen Sie, mit Ihrer Hand ein Objekt zu berühren, wie eine Wand, einen Tisch oder ein Telefon, und beobachten Sie Ihre Gefühle. Erscheint es Ihnen nicht seltsam, dass wir, obwohl die Bildung der Empfindung eines Objekts im Gehirn stattfindet, sie nicht in unserem Kopf fühlen, sondern sie buchstäblich auf einen bestimmten Punkt im Raum übertragen?

Buonomano schreibt, dass eines der tiefsten subjektiven Gefühle eines Menschen darin besteht, dass unsere Finger, Hände, Füße, unser ganzer Körper uns gehören. Und all dies ist eine große Illusion.

Phantomglieder und die Illusion des Körperbesitzes

Sie haben wahrscheinlich schon vom Phantomschmerzsyndrom gehört. Manche Menschen fühlen nach der Amputation eines Arms oder Beins diesen weiterhin so deutlich, wie die meisten von uns echte Gliedmaßen fühlen. Dieses Phänomen deutet darauf hin, dass das Gehirn so hart daran arbeitet, in uns ein Gefühl des Eigentums an den Knochen, Muskeln und Nerven zu erzeugen, aus denen unsere Gliedmaßen bestehen, dass es diese Illusion trotz des Verschwindens der Gliedmaßen selbst aufrechterhält.

Wenn Sie sich mit einem Hammer auf den Finger schlagen, projiziert Ihr Gehirn das Schmerzempfinden in einen bestimmten Bereich des Raums – in Ihren Finger. Aber wenn Sie eine künstliche Hand neben Ihre Hand legen, kann das Gehirn die Wahrnehmung so verändern, dass Sie Ihre Hand dort fühlen, wo sich die künstliche Hand befindet, als ob das Gehirn zustimmen würde, die künstliche Hand als Ihre zu betrachten. Dies ist die sogenannte Gummihand-Illusion.

Basierend auf diesem Beispiel schlägt Buonomano vor, dass, wenn unser Gehirn so hartnäckige räumliche Trugbilder erzeugt, warum sollte es dann keine zeitlichen erzeugen?

Was wir den Fluss der Zeit nennen, könnte sich als Illusion herausstellen, und so bedeutet der Name der Hypothese "Meta-Illusion", dass die Verlangsamung der Zeit eine Illusion der Illusion ist.

Auf YouTube können Sie die Wiedergabegeschwindigkeit des Videos auswählen. Sie können das Video zweimal beschleunigen oder verlangsamen und die Informationen trotzdem gut wahrnehmen. Buonomano schreibt, dass unser normales Zeitgefühl ein mentales Konstrukt ist, das unterschiedliche Geschwindigkeitseinstellungen haben kann.

Sie können dies überprüfen, indem Sie sich das Video 5 Minuten lang mit doppelter Geschwindigkeit ansehen und dann die normale Geschwindigkeit einschalten. Sie werden überrascht sein, wie langsam der übliche Zeitablauf erscheinen wird.

Buonomano argumentiert, dass die Geschwindigkeit unserer Zeitwahrnehmung keine statische Illusion ist. Tatsächlich nutzen wir ständig unsere Fähigkeit, die Zeit zu komprimieren und zu dehnen.

Zum Beispiel können Sie jeden Satz in Ihrem Kopf viel schneller sagen als mit Ihren Lippen und Ihrer Zunge. Gleiches gilt für das Schuhebinden, das Aufstehen vom Sofa und alle anderen Aktionen.

Sein Buch gibt mehrere Beispiele für Zeitverzerrungen in lebensbedrohlichen Situationen:

- Ein 20-jähriger Rennfahrer, der mit 250 km/h verunglückte, sagt, alles sei sehr langsam passiert und er habe sich wie auf einer Bühne gefühlt und sich selbst von der Seite beobachtet.
- Ein 21-jähriger Junge, der aus 10 Metern Höhe fiel, fühlte auch, dass sich die Zeit verlangsamte und er seinen Sturz wie von der Seite beobachten konnte.
- Ein Soldat aus dem Zweiten Weltkrieg, dessen Auto von einer Mine in die Luft gesprengt wurde, sagt, dass die Zeit stehen geblieben zu sein schien und er nur in Gedanken existierte.

Wie Sie sehen, ändert sich in kritischen Situationen nicht nur die Wahrnehmung der Zeit, sondern auch die Wahrnehmung des Raums. Viele Menschen beobachten in solchen Momenten das Geschehen wie von außen.

Buonomano schreibt, dass die oben genannten Aussagen in jedem anderen Kontext wie Halluzinationen oder Bewusstseinsstörungen erscheinen würden. Vielleicht ist die plötzliche Freisetzung von endogenen Opioiden, die in solchen Situationen auftritt, die Ursache für eine solche Wahrnehmungsverzerrung.

Fundamentale Zeiteinheit

Gibt es eine fundamentale Zeiteinheit, die nicht in eine noch kleinere unterteilt werden kann? Uhren sind das genaueste Instrument, das wir je geschaffen haben, aber selbst die modernsten Atomuhren haben Abweichungen in den Messwerten, wenn sie in unterschiedlichen Höhen aufgestellt werden.

Richard Feynman sagte einmal, dass der Erdkern aufgrund der Auswirkungen der Relativitätstheorie merklich jünger sein sollte als seine Kruste. Neuere Berechnungen haben gezeigt, dass sich über die gesamte Existenz der Erde der Unterschied zwischen Kern und Kruste um etwa 2,5 Jahre angesammelt hat.

Die Wissenschaft hat noch keine Antwort auf die Frage, ob die Zeit diskret oder kontinuierlich ist. Viele Experten glauben, dass die Existenz einzelner Momente zu Paradoxien führen würde, wie zum Beispiel Zenons Paradox der Dichotomie.

Dieses Paradoxon lautet wie folgt: Um einen Weg zurückzulegen, muss man zuerst die Hälfte des Weges zurücklegen, und um die Hälfte des Weges zurückzulegen, muss man zuerst die Hälfte der Hälfte zurücklegen, und so weiter ad infinitum.

Andromeda-Paradoxon

Die Gesetze der Physik sind in Bezug auf die Zeit symmetrisch, das heißt, sie messen ihrer Richtung keine besondere Bedeutung bei. Vergangenheit, Gegenwart und Zukunft sind einander gleichwertig. Das bedeutet, dass "jetzt" auf der Zeitskala dasselbe ist wie "hier" im Raum.

Aber Einsteins Relativitätstheorie verkompliziert dieses Bild. Das Beispiel mit dem Zug zeigt, dass jeder Beobachter je nach Geschwindigkeit und Bewegungsrichtung ein eigenes unabhängiges Konzept vom gegenwärtigen Moment hat.

Roger Penrose gibt in seinem Buch "The Emperor's New Mind" ein Gedankenexperiment an, das uns zwingt, unsere Vorstellungen von der Realität zu überdenken. Er zeigt, dass selbst bei sehr kleinen Relativgeschwindigkeiten Veränderungen in der Chronologie kolossal werden, wenn zwei Punkte große Entfernungen voneinander haben.

Zum Beispiel werden zwei Fußgänger, die sich langsam auf der Straße aneinander vorbeigehen, den Unterschied zwischen den Ereignissen, die um sie herum stattfinden, nicht sehen. Aber wenn wir uns im Moment ihres Treffens in die Andromeda-Galaxie begeben, dann werden die für sie gleichzeitigen Ereignisse tatsächlich mehrere Tage auseinander liegen.

Das bedeutet, dass es unendlich viele Ebenen der Gleichzeitigkeit gibt, die durch jeden Punkt in der Raumzeit verlaufen. Für jeden Punkt im Raum gibt es unterschiedliche Mengen gleichzeitiger Ereignisse.

Selbst die kleinste Bewegung Ihres Kopfes verändert den wahrgenommenen gegenwärtigen Moment für Sie. Im Universum wird alles noch absurder, wenn man erkennt, dass die Räume der gegenwärtigen Momente für Kopf, Arme, Beine und Körper unterschiedlich sind.

Wie sieht das Universum aus?

Wenn wir über den Kosmos hinausfliegen und von der Perspektive der speziellen Relativitätstheorie zurückblicken könnten, würden wir einen unveränderlichen vierdimensionalen Block sehen, in dem die Zeit als eine weitere räumliche Koordinate existiert. Innerhalb dieses Modells, des Blockuniversumsmodells, ist das Sprechen über "jetzt" dasselbe wie das Sprechen über "hier", da jeder gegenwärtige Moment real ist und auf einem der Querschnitte dieses Blocks existiert.

Die Idee eines Blockuniversums ist nicht nur eine ansprechende metaphysische Theorie, sondern eine gut etablierte wissenschaftliche Tatsache. Interessanterweise behauptete Einstein, als er seine Arbeit über die spezielle Relativitätstheorie zum ersten Mal veröffentlichte, nicht, dass die Zeit als die vierte Dimension eines Blockuniversums betrachtet werden sollte. Es war sein Lehrer in Zürich, Hermann Minkowski, der zuerst diese erstaunlichen Schlussfolgerungen über die Beziehung zwischen Raum und Zeit zog.

Minkowski präsentierte Einsteins Theorie in geometrischer Form und kombinierte Raum und Zeit zu einem einzigen vierdimensionalen Kontinuum – der Raumzeit. In dieser Raumzeit hat jedes Ereignis seine eigenen Koordinaten: drei räumliche und eine zeitliche.

Zur Veranschaulichung kann man sich eine vereinfachte zweidimensionale Raumzeit vorstellen, in der eine Achse der Zeit und die andere dem Raum entspricht. In dieser Darstellung ist die Ebene der Gleichzeitigkeit eine Linie, die durch einen bestimmten Zeitpunkt verläuft und alle Ereignisse verbindet, die aus der Sicht eines bestimmten Beobachters gleichzeitig stattfinden.

Fatalismus

Wenn wir uns vorstellen, dass die Zeit kein fließender Fluss ist, sondern ein gefrorener Block, in dem alle Ereignisse der Vergangenheit, Gegenwart und Zukunft bereits feststehen, dann stellt sich die Frage nach dem freien Willen. Sind unsere Entscheidungen wirklich frei oder sind sie nur eine Illusion, die durch unsere subjektive Wahrnehmung der Zeit verursacht wird?

Das philosophische Konzept, das behauptet, dass alle Ereignisse in der Welt vorherbestimmt und unvermeidlich sind, wird Fatalismus genannt. Im Rahmen eines Blockuniversums, in dem die Zukunft bereits existiert, mag Fatalismus wie eine logische Schlussfolgerung erscheinen.

Freier Wille in einem Blockuniversum

Selbst in einem Blockuniversum besteht die Möglichkeit für verschiedene Versionen der Zukunft. Dies liegt daran, dass wir nicht alle Details des Anfangszustands des Universums kennen und daher nicht alle zukünftigen Ereignisse genau vorhersagen können.

Darüber hinaus führt die Quantenmechanik ein Element der Zufälligkeit in physikalische Prozesse ein. Das bedeutet, dass wir selbst bei Kenntnis des

Anfangszustands des Systems seinen zukünftigen Zustand nicht mit absoluter Genauigkeit vorhersagen können.

Daher gibt es auch in einem Blockuniversum eine Möglichkeit für verschiedene Versionen der Zukunft, und unsere Entscheidungen können beeinflussen, welche dieser Optionen realisiert wird. Unser Gefühl des freien Willens kann jedoch eine Illusion sein, die dadurch verursacht wird, dass wir nicht alle Details des Anfangszustands des Universums kennen und die Zukunft nicht genau vorhersagen können.

Physikalischer Determinismus und freier Wille

Der physikalische Determinismus, die Idee, dass alle Ereignisse in der Welt durch frühere Ereignisse und die Gesetze der Physik bestimmt werden, widerspricht nicht unbedingt dem freien Willen. Wir können den freien Willen als die Fähigkeit betrachten, nach unseren Wünschen und Überzeugungen zu handeln, auch wenn diese Wünsche und Überzeugungen selbst durch physikalische Prozesse bestimmt sind.

Die Frage des freien Willens ist eng mit der Frage nach der Natur der Zeit verbunden. Wenn die Zeit nur eine Illusion ist, können wir dann über Entscheidungsfreiheit sprechen? Und wenn die Zeit real ist und eine Richtung hat, können wir dann unsere Zukunft ändern?

Räumliche Darstellung der Zeit durch das Gehirn

Vor diesem Hintergrund wird es interessant, dass der Mensch wahrscheinlich die Fähigkeit entwickelt hat, das Konzept der Zeit zu verstehen, indem er dieselben Mechanismen verwendet, die für das Verständnis des Raums entwickelt wurden. Mit anderen Worten, auf einer grundlegenden Ebene unterscheidet das Gehirn möglicherweise nicht zwischen Raum und Zeit.

Der renommierte Schweizer Psychologe Jean Piaget suchte nach Parallelen zwischen Psychologie und Physik. Er revolutionierte das Gebiet der Entwicklungspsychologie, indem er die Mechanismen der kindlichen Wahrnehmung abstrakter Konzepte wie Quantität, Raum und Zeit erklärte.

Piaget glaubte wahrscheinlich an die Existenz einer tiefen Verbindung zwischen dem angeborenen Verständnis von Kindern für die Relativität der Zeit und der Relativität der Zeit in Einsteins Theorie. Um zu verstehen, wie sich Zeit in den Köpfen von Kindern widerspiegelt, bat er sie, verschiedene einfache Aufgaben zu erledigen.

In einer solchen Aufgabe verwendete Piaget zwei Schlangen, die mehrere Sekunden lang auf parallelen Pfaden krochen. Zum Beispiel würden eine blaue und eine gelbe Schlange im selben Moment von derselben Ausgangsposition aus beginnen, sich zu bewegen, und gleichzeitig anhalten. Aber die blaue Schlange würde sich weiter bewegen, weil sie schneller kroch.

Kinder im Alter von 5-6 Jahren berichteten fälschlicherweise, dass die Schlange, die eine größere Strecke zurückgelegt hatte, später anhielt. Das heißt, die Parallele zur Relativitätstheorie ist folgende: Kinder verstehen intuitiv, dass sich die Zeit für ein Objekt, das sich mit höherer Geschwindigkeit bewegt, dehnt.

Mentale Zeitlinie

Wie stellen Erwachsene die Chronologie dar? Stellen Sie sich die Jahre 2021, 2022 und 2023 in chronologischer Reihenfolge vor. Höchstwahrscheinlich haben Sie sie von links nach rechts angeordnet. Das scheint natürlich, aber warum ist das so? Schließlich kann man sich die Zeitskala beliebig vorstellen.

Wenn wir den Raum verwenden, um die Zeit zu bezeichnen, warum nicht von rechts nach links oder von unten nach oben? Würde das nicht eher einem Vorwärtsgehen in der Zeit entsprechen? Aber nein, die Menschen stellen sich die Zeitskala meistens von links nach rechts vor.

Es gibt Experimente, die die Existenz einer mentalen Zeitlinie bestätigen, die von links nach rechts gerichtet ist. In einer Studie, in der die Teilnehmer die Dauer von Noten mit einem bestimmten Standard vergleichen mussten, kamen die Menschen beispielsweise schneller und besser mit der Aufgabe zurecht, wenn sie mit dem Zeigefinger der linken Hand ein kurzes Intervall und mit dem Zeigefinger der rechten Hand ein langes Intervall anzeigen konnten.

Wir verwenden ständig räumliche Metaphern, um die Zeit zu beschreiben: "vorauseilen", "zurückblicken", "kurze Zeit", "lange Zeit" und so weiter. Metaphern aus dem Bereich des Raumes werden oft verwendet, um die Zeit zu beschreiben, und sehr selten umgekehrt.

Verflechtung von Raum und Zeit im Gehirn

Obwohl wir noch nicht vollständig verstehen, wie Neuronen im Hippocampus oder anderen Hirnregionen Informationen über die Größe räumlicher und zeitlicher Parameter messen, reproduzieren und speichern, können wir aufgrund philologischer, psychophysischer und neurophysiologischer Daten den Schluss ziehen, dass Raum und Zeit in unseren neuronalen Schaltkreisen miteinander verflochten sind.

Bewegung in der Zeit und die Geometrie des Raums

Ändert sich die Geometrie des Raums, wenn man sich in der Zeit bewegt? Obwohl sich die Zeit stark von den räumlichen Dimensionen unterscheidet, sehen wir bei Bewegung, wie sich die Geometrie des Raums verändert: Objekte erscheinen größer, wenn wir uns ihnen nähern, und kleiner, wenn wir uns entfernen.

Änderungen treten auch bei Bewegungen in der Zeit auf, obwohl sie nicht so offensichtlich sind. Objekte werden entlang der Bewegungsrichtung komprimiert. Bei einer Geschwindigkeit von 60 km/h erscheint beispielsweise ein 5 Meter langes Auto 8 Mikrometer kürzer.

Bei Geschwindigkeiten nahe der Lichtgeschwindigkeit wird dieser Effekt signifikanter. Wenn die Saturn-V-Rakete eine Geschwindigkeit von 299.992.457 m/s erreichen könnte, würde der Durchmesser des Mondes in Bewegungsrichtung der Rakete von 3474 km auf 284 m schrumpfen.

Subjektive und objektive Wahrnehmung der Zeit

Wir haben das Konzept der Zeit aus der Sicht unserer persönlichen Wahrnehmung und aus der Sicht der Physik diskutiert. Versuchen wir nun, diese beiden Ansichten zu kombinieren und ein ganzheitliches Bild der Natur zu erhalten. Aber genau das ist unmöglich, und das ist eines der größten Rätsel des Universums.

Von allen Hindernissen für ein tiefes Verständnis des Lebens ist kein Problem so schrecklich wie das Problem der Zeit. Wie erklärt man die Zeit? Auf keinen Fall, wenn man das Leben nicht erklärt. Wie erklärt man das Leben? Auf keinen Fall, wenn man die Zeit nicht erklärt. Die tiefe und verborgene Verbindung zwischen Zeit und Leben aufzudecken, ist eine Aufgabe für die Zukunft.

Menschen und alle Lebewesen können sich entlang räumlicher Achsen in beide Richtungen bewegen, aber die Bewegung entlang der Zeitachse erfolgt immer nur in eine Richtung. Zumindest wissen die Menschen das aus ihrer eigenen bewussten Erfahrung. Wir können die Geschwindigkeit der Bewegung in der Zeit regulieren, aber nicht die Richtung. Für uns bewegt sich die Zeit immer nur vorwärts und niemals rückwärts.

Gleichzeitig sagen die fundamentalen Gesetze der Physik nichts darüber aus, warum sich die Zeit für uns vorwärts zu bewegen scheint. Die Gleichungen von Newton, Einstein, Maxwell und Schrödinger hängen nicht davon ab, ob sich Ereignisse in Vorwärts- oder Rückwärtsreihenfolge entwickeln. Sie haben keinen bestimmten gegenwärtigen Moment in der Zeit.

Trotz all dieser zwingenden Argumente dafür, dass wir in einem Blockuniversum leben, müssen wir zugeben, dass die Gesetze der Physik die wichtigste menschliche Beobachtung nicht erklären können, nämlich dass sich der gegenwärtige Moment von allen anderen Momenten unterscheidet und dass die Zeit vergeht.

Das Problem des Zeitflusses

Einstein, obwohl er sich an das Konzept eines Blockuniversums hielt, war auch besorgt über die Diskrepanz zwischen unseren Gefühlen und dem modernen Verständnis der Gesetze der Physik. Er erkannte, dass die Erfahrung der Gegenwart für einen Menschen etwas Besonderes bedeutet, grundlegend anders als Vergangenheit und Zukunft.

Diese Erfahrung kann von der Wissenschaft nicht erklärt werden, und für Einstein war sie ein Grund für einen schmerzhaften, aber unvermeidlichen Rückzug.

Roger Penrose stellt nach der Beschreibung eines Gedankenexperiments mit Andromeda fest, dass es nach der speziellen Relativitätstheorie ein solches Konzept wie "jetzt" nicht wirklich gibt. Die beste Annäherung daran wäre der Raum gleichzeitiger Ereignisse des Beobachters in der Raumzeit. Penrose vergleicht das Universum mit einer Schallplatte und unser Bewusstsein mit der Nadel eines Plattenspielers.

Die Illusion des Zeitflusses

Die Diskrepanz zwischen der Idee eines Blockuniversums und dem Gefühl des Zeitflusses ist ein so tiefes Problem, dass viele Physiker und Philosophen den einzigen Weg zur Lösung darin sehen, das Gefühl des Zeitflusses als Illusion zu erkennen.

Der theoretische Physiker Paul Davies schreibt: "Das scheinbare Gefühl der Bewegung oder des Flusses der Zeit, vielleicht durch die Hintertür des Denkens erworben, ist das tiefste Geheimnis. Steht es in Zusammenhang mit Quantenprozessen im Gehirn, spiegelt es die objektive Eigenschaft der Zeit in unserer realen Welt materieller Objekte wider, die wir einfach nicht erkennen können, oder wird sich der Fluss der Zeit letztendlich als ausschließlich ein mentales Konstrukt, eine Illusion oder ein Irrtum des Bewusstseins herausstellen?"

Das Gefühl des Zeitflusses ist in der Tat ein mentales Konstrukt, zumindest weil wir die Welt um uns herum von unserem Kopf aus wahrnehmen. Das Sehen, sowie Geräusche und Gerüche, sind das gleiche mentale Konstrukt. Dies sind Illusionen in dem Sinne, dass sie in der Außenwelt nicht existieren, aber sie haben eine adaptive Bedeutung, weil sie mit realen physikalischen Phänomenen korrelieren: der Länge einer elektromagnetischen Welle, einer bestimmten Menge von Schallwellen oder der chemischen Struktur von Molekülen.

In der objektiven Welt gibt es keine blaue Farbe, Blau ist eine Illusion, die durch elektromagnetische Strahlung mit einer Wellenlänge von 470 nm verursacht wird. In der objektiven Welt gibt es keine unangenehmen Gerüche, sondern zum Beispiel Schwefelmoleküle, die das Gehirn als Geruch von faulen Produkten interpretiert.

Jede solche Illusion hat eine adaptive Bedeutung, weil sie streng mit realen physikalischen Phänomenen korreliert.

Eine fundamentalere Ebene der Realität

Der theoretische Physiker Brian Greene versucht auch, das Gefühl des Zeitflusses im Rahmen des Blockuniversums zu erklären, indem er jeden Moment in der Raumzeit mit einem Bild eines Films vergleicht. Viele glauben jedoch, dass dies keine Erklärung ist, sondern eher ein Versuch, eine Antwort zu vermeiden.

Vielleicht hilft uns der Kampf verschiedener Ideen, die Natur der Zeit besser zu verstehen. Oder vielleicht ist es noch unerforschter und seltsamer, als es uns im Moment erscheint.

Vor kurzem wurde ein Buch mit dem Titel "Nonlocality" des Wissenschaftsjournalisten George Musser veröffentlicht. Es kombiniert Beweise dafür, dass es eine fundamentalere Ebene der Realität gibt, als wir denken, und die Raumzeit nur eine Ableitung davon ist.

Professor der New York University und einer der weltweit führenden Philosophen der Physik, Tim Maudlin, wird zitiert: "Die Welt ist nicht nur eine Ansammlung getrennt existierender lokalisierter Objekte, die nur durch Raum und Zeit extern verbunden sind. Etwas Tieferes, Geheimnisvolleres hält das Gewebe des Universums zusammen. Wir haben gerade den Punkt in der Entwicklung der Physik erreicht, an dem wir anfangen können, darüber zu spekulieren, was es sein könnte."

KAPITEL 6: DIE NATUR DES RAUMS

Der schwer fassbare Raum

Raum ist etwas, das wir als selbstverständlich ansehen. Wir leben darin, bewegen uns darin, aber können wir ihn sehen oder berühren? Tatsächlich ist der Raum als physikalisches Phänomen kein beobachtbares Objekt. Wir können auf Objekte im Raum hinweisen, auf ihre Wechselwirkungen, aber nicht auf den Raum selbst.

Wenn wir mit der Hand in der Luft winken, könnten wir sagen, dass diese Leere der Raum ist. Aber das ist nur eine Illusion. Raum ist nicht Leere; er hat seine eigenen Eigenschaften und beeinflusst die Materie.

Raum ist ein grundlegendes Konzept in der Physik. Die gesamte Physik untersucht, wie sich Objekte im Raum bewegen, und der Raum bestimmt fast alle Größen, mit denen sich die Physik befasst: Entfernung, Größe, Form, Position, Geschwindigkeit, Richtung.

Einige wissenschaftliche Arbeiten auf dem Gebiet der Spitzenphysik deuten jedoch darauf hin, dass das, was wir Raum nennen, eigentlich eine sehr verdächtige Sache ist. Der Raum zwischen Ihren Augen und dem Buch birgt ein großes Geheimnis.

Theoretische Physiker wie Max Tegmark, David Gross und Nathan Seiberg äußern Zweifel an der Fundamentalität der Raumzeit. Sie glauben, dass dies nur ungefähre Konzepte sind, die bald durch etwas Eleganteres ersetzt werden.

Nathan Seiberg argumentiert sogar, dass Raum und Zeit Illusionen sind, primitive Konzepte, die bald durch etwas Komplexeres ersetzt werden. Er vergleicht den Raum mit der Leinwand eines Gemäldes, die entfernt werden kann, aber die auf der Leinwand gemalten Objekte bleiben erhalten.

Aber wenn die Raumzeit nicht fundamental ist, worum geht es dann in der Physik? Schließlich untersucht die gesamte Physik, was in Raum und Zeit passiert. Wenn es keine Raumzeit gibt, worum geht es dann in der Physik?

Wie unsere Sinne uns täuschen

Nachdem ich Donald Hoffmans Buch "The Case Against Reality: Why Evolution Hid the Truth from Our Eyes" gelesen hatte, entdeckte ich, dass es unglaubliche und unplausible Dinge für die traditionelle Wahrnehmung enthält. Der Autor ist ein seriöser Kognitionswissenschaftler, der mathematische Modelle verwendet und überprüfbare Hypothesen aufstellt. Auf Lex Fridmans Kanal zum Beispiel ist der Podcast mit Hoffman der beliebteste in der gesamten Geschichte des Kanals.

Hoffmans Ideen sind kühn für das traditionelle Verständnis, aber ich mag das, weil sie uns dazu bringen, unsere etablierten Vorstellungen von der Realität zu überdenken. Sie eröffnen neue Horizonte für die Forschung und ermöglichen es uns, tiefer zu verstehen, wie unser Gehirn und unsere Sinne mit der Außenwelt interagieren. Hoffman schlägt vor, die Welt nicht nur als objektive Realität zu sehen, sondern als komplexes System, in dem unsere Wahrnehmung nur ein Werkzeug ist, das für unser Überleben geschaffen wurde. Dies lässt uns über die grundlegenden Aspekte der Existenz nachdenken und darüber, wie wir dieses Wissen für die Entwicklung von Wissenschaft und Technologie nutzen können.

Dies wird noch spannender, nachdem man George Mussers Buch "Spooky Action at a Distance" gelesen hat, in dem ähnliche Themen aus einer anderen Perspektive untersucht werden. Empfehlungen von so prominenten Wissenschaftlern wie Frank Wilczek und Mario Livio verleihen diesen Ideen Gewicht und bestätigen ihre Bedeutung im aktuellen wissenschaftlichen Diskurs.

Computermodellierung der Evolution

Donald Hoffman stützt sich stark auf Computermodellierungsmethoden, wie z. B. die Simulation des Evolutionsprozesses. Die Ergebnisse dieser Berechnungen sprechen von so kontraintuitiven Dingen, dass es schwerfällt, ihnen zu glauben.

Hoffman argumentiert zum Beispiel, dass unser Bewusstsein kein Produkt der Evolution ist, sondern im Gegenteil, Bewusstsein eine grundlegende Eigenschaft der Realität ist, und es ist das Bewusstsein, das die Illusion von Raum und Zeit erzeugt.

All dies führt uns zu einer interessanten Schlussfolgerung: Unsere Wahrnehmung der Realität, einschließlich Zeit und Raum, muss nicht unbedingt die objektive Wahrheit widerspiegeln. Stattdessen wird sie durch die Evolution geprägt, die nach maximaler Anpassungsfähigkeit des Organismus an die Umwelt strebt.

Diese Idee lässt sich durch den Satz "Fitness schlägt Wahrheit" ausdrücken. Unser Gehirn strebt nicht nach einer absolut genauen Abbildung der Realität, sondern erstellt ein vereinfachtes Modell, das es uns ermöglicht, effektiv mit der Welt zu interagieren und zu überleben. (Was ich in früheren Abschnitten erwähnt habe)

Wenn wir zum Beispiel unsere Augen öffnen, werden Milliarden von Neuronen und Billionen von Synapsen aktiviert. Etwa ein Drittel der Großhirnrinde, unserer am weitesten entwickelten Rechenleistung, ist am Sehvorgang beteiligt.

Das ist nicht genau das, was man erwarten würde, wenn das Sehen nur so etwas wie das Aufnehmen eines Videos wäre. Schließlich erschienen Kameras lange vor der Ära der Computer. Was berechnet das Gehirn also, wenn wir schauen?

Beginnen wir mit einer Kreatur, die den sichtbaren Raum in gewisser Weise viel besser versteht als wir. Für sie sind Menschen nur Punkte, die sich auf einer Ebene bewegen. Es ist eine Silbermöwe.

Wie, glauben Sie, nehmen Möwen die Welt um sich herum wahr? Man kann davon ausgehen, dass das Sehen für sie das wichtigste Wahrnehmungsinstrument ist, da Möwen fliegen. Und ein Mensch erhält fast 90 % seiner Informationen über die Welt um ihn herum durch das Sehen. Also nehmen wir und die Möwen die Realität plus oder minus gleich wahr, oder?

Es klingt logisch, aber die richtige Antwort ist: Wir haben keine Ahnung, wie die Welt dieses Vogels aussieht.

Nicholas Tinbergens Forschung

Stellen Sie sich ein Objekt vor, das als langer roter Stab mit drei weißen Ringen beschrieben werden kann. Aber wenn Sie ein frisch geschlüpftes Möwenküken wären, würden Sie stattdessen Ihre Mutter sehen.

In den 1950er Jahren führte der Biologe und Nobelpreisträger Nicholas Tinbergen Forschungen durch, die in seinem Buch "Die Welt der Silbermöwe" vollständig beschrieben sind. Tinbergen versuchte zu verstehen, wie frisch geschlüpfte Küken ihre Mutter immer unverkennbar erkennen und sie nicht mit anderen Objekten verwechseln. Es ist wichtig für das Küken, seine Mutter zu erkennen, denn um Nahrung zu bekommen, muss es auf ihren Schnabel picken, woraufhin sie ihm teilweise verdaute Nahrung durch ihren offenen Mund weitergibt.

Tinbergen führte Experimente mit Möwenattrappen durch und stellte fest, dass die Küken eine echte Möwenmutter nicht von einer Kopf-auf-einem-Stock-Attrappe unterscheiden können. Sie bemerkten nicht einmal den Unterschied, wenn die Attrappe flach war oder nur aus einem Schnabel bestand.

In der Welt eines hungrigen Kükens gibt es kein Volumen oder irgendwelche Details, nur eine bedingte Form und Farbe. Die Farbe ist höchstwahrscheinlich, weil die Möwenmutter einen roten Fleck auf ihrem Schnabel hat. Also nur sehr bedingt Form und Farbe.

Man könnte annehmen, dass die Küken einfach noch fast blind sind, schließlich sind sie gerade erst geschlüpft. Das dachte Tinbergen zunächst auch, aber Tests zeigten, dass das Sehvermögen der Küken in Ordnung ist.

Am Ende machte Tinbergen, geleitet von gesammelter Erfahrung und Verständnis, einen langen roten Stab mit drei weißen Ringen und stellte fest, dass die Küken noch hartnäckiger um Futter von diesem sehr weit vom Originalmodell entfernten Modell betteln als von ihrer echten Mutter.

Verschiedene Objekte, gleiche Erfahrung

Wir haben also eine Reihe völlig unterschiedlicher physischer Objekte, die dennoch bei einem Lebewesen absolut dieselbe innere Erfahrung hervorrufen. Was ist das überhaupt?

Donald Hoffman argumentiert, dass an solchen Dingen eigentlich nichts Seltsames ist, denn die Evolution, egal was Sie denken, fördert keine wahre Wahrnehmung der Welt.

Hoffman und seine Kollegen haben Hunderttausende von simulierten Evolutionsspielen durchgeführt. In diesen mathematischen Simulationen wurden verschiedene Umgebungen generiert, und drei Arten von Organismen kämpften in jeder Umgebung um Ressourcen:

- Organismen, die die Realität so sahen, wie sie ist.
- Organismen, die nur einen Teil der Realität sahen.
- Organismen, die keine Realität sahen und nur einen grundlegenden Anpassungsmechanismus hatten.

Der Computer berechnete die Evolution und Interaktion dieser drei Arten von Organismen in jeder Umgebung. Und wer, glauben Sie, hat am Ende den Wettbewerb um Ressourcen gewonnen?

Laut Hoffman beseitigt die Evolution durch natürliche Selektion methodisch jede verlässliche Wahrnehmung der Realität, weil eine verlässliche Wahrnehmung ineffizient ist.

Stellen Sie sich vor, dass unter den Möwenküken plötzlich eines auftaucht, das die objektive Realität sieht. Man könnte meinen, dass dies seine Überlebenschancen erheblich erhöhen würde. Aber in Wirklichkeit wird, während es herausfindet, ob es seine Mutter ist, das gesamte Futter von anderen Küken gefressen, die sofort reagieren, sobald sie eine längliche Form mit einem roten Element sehen.

Ein Organismus, der die objektive Realität sieht, ist immer weniger angepasst als ein Organismus gleicher Komplexität, der nur das sieht, was er zum Überleben braucht. Das Sehen der objektiven Realität führt zum Aussterben.

Vereinfachung der Realität zum Überleben

Die Evolution verbirgt die unnötige Komplexität der Welt um uns herum und lenkt Handlungen in eine rein angewandte Richtung. Eine Möwenmutter in einem roten Stab mit drei weißen Streifen zu sehen, ist aus Sicht der Anpassungsfähigkeit von Vorteil.

Es ist klar, dass die Welt einer Möwe, insbesondere einer erwachsenen, nicht auf ihre Mutter beschränkt ist. Aber laut Hoffman wird jede Interaktion einer Möwe mit der Außenwelt durch ähnliche vereinfachende Mechanismen aufgebaut.

Schauen Sie sich jetzt ein beliebiges Objekt in Ihrer Umgebung an. Der im Laufe der Evolution gebildete Wahrnehmungsmechanismus sagt uns, dass der Ball ein Würfel ist. Aber wir können kommen und es anfassen, um sicherzugehen.

Menschen können, wie frisch geschlüpfte Küken, nicht verstehen, dass die weiße Farbe des Bildschirms nicht wirklich weiß ist. Der Bildschirm hat nur blaue, rote und grüne LEDs, und wenn sie gemischt werden, erscheint Licht, das wir als weiß wahrnehmen, aber in Wirklichkeit ist es nicht. In der Natur ist echtes weißes Licht Sonnenlicht, das sich als physikalische Einheit stark von dem unterscheidet, was Sie jetzt sehen.

Aber für unsere Wahrnehmung ist der Unterschied null, denn dieser Fehler hat unsere Vorfahren in keiner Weise daran gehindert, sich fortzupflanzen.

Der Satz "Fitness schlägt Wahrheit"

Es ist wichtig zu verstehen, dass sich jedes Gefühl eines Lebewesens nicht entwickelt hat, um die objektive Realität widerzuspiegeln, sondern nur um so schnell und effizient wie möglich auf für das Überleben notwendige Reize zu reagieren und dabei ein Minimum an Energie zu verbrauchen. Dies gilt nicht nur für das Sehen, sondern auch für jedes Sinnesorgan.

Hoffman nennt dies den Satz "Fitness schlägt Wahrheit", weil er mathematische Beweise verwendet. Natürlich ist es sehr schwierig, die Grenzen der menschlichen Wahrnehmung zu untersuchen, während man ein Mensch ist. Aber auf jeden Fall, warum sollten wir mit unseren komplexen Sinnen glauben, dass wir die Realität so wahrnehmen, wie sie wirklich ist?

Je komplexer die Sinne werden, desto geringer ist die Chance, dass sie irgendeine Wahrheit über die objektive Realität enthüllen. Betrachten Sie zum Beispiel ein Auge mit zehn Photorezeptoren, von denen jeder zwei Zustände hat. Die Fitness-Theorie besagt, dass die Wahrscheinlichkeit, dass ein solches Auge die Realität sieht, höchstens zwei von tausend beträgt. Bei zwanzig Photorezeptoren beträgt die Wahrscheinlichkeit zwei zu einer Million. Bei vierzig Photorezeptoren ist es einer von zehn Milliarden. Das menschliche Auge hat 130 Millionen Photorezeptoren, und die Wahrscheinlichkeit, dass es die objektive Realität sieht, ist praktisch null.

Immanuel Kants Kritik der reinen Vernunft

Donald Hoffmans Ideen mögen trotz ihrer mathematischen Begründung zweifelhaft erscheinen. Dies ist kein neues Konzept. Vor mehr als 200 Jahren äußerte der deutsche Philosoph Immanuel Kant in einem der grundlegendsten Werke der Philosophiegeschichte mit dem Titel 'Kritik der reinen Vernunft" ähnliche Gedanken.

Kant argumentierte, dass die Objekte und Phänomene, die wir beobachten, überhaupt nicht das sind, was in der Realität existiert. Zur Veranschaulichung stellen Sie sich ein Foto vor: Unsere Wahrnehmung ist ein Stoff, der etwas umhüllt. Dieses "Etwas" existiert in der Realität, und Kant nennt es das "Ding an sich". Wir haben keinen direkten Zugang zu diesem "Ding an sich", wir können diesen Stoff nicht abreißen, weil wir selbst dieser Stoff sind.

Dieser Analogie folgend beobachten wir Objekte nicht nur passiv, wir "fühlen" sie in unserem Geist. Diese Erfahrung kann uns jedoch nichts über die wahren Eigenschaften dieser Objekte sagen, denn unter dem Stoff kann sich alles befinden: ein Würfel, eine Schachtel oder sogar eine Computereinheit.

Laut Kant bedeutet es nicht, dass ein Apfel in der realen Welt existiert, wenn man ein Objekt betrachtet und einen Apfel sieht. Es gibt "etwas", das Sie dazu bringt, einen Apfel zu erleben, aber Sie können nicht wissen, was dieses "Etwas" ist. Dieses "Etwas", das uns dazu bringt, einen Apfel zu erleben, liegt im Allgemeinen außerhalb von Raum und Zeit, denn aus Kants Sicht sind Raum und Zeit keine Eigenschaften der Außenwelt, sondern Arten, unsere Erfahrung zu organisieren.

Einfach ausgedrückt, Raum und Zeit sind für uns nicht etwas, das wir zuerst erlebt und dann als Idee abstrahiert haben. Nein, das ist das, was wir vor jeder Erfahrung haben, wie zum Beispiel die Angst vor der Dunkelheit. Wir erleben und abstrahieren die Angst vor Steckdosen, aber wir haben instinktiv Angst vor der Dunkelheit.

In Kants Analogie sind Raum und Zeit Eigenschaften unseres Wahrnehmungsgewebes. Sie fragen sich vielleicht, warum wir die Ideen dieses alten Philosophen brauchen?

Nobelpreis für einen Schlag gegen den Realismus

Wer hätte gedacht, dass eines Tages eine bedeutende wissenschaftliche Basis unter diese Ideen passen könnte? In jüngerer Zeit, im Jahr 2022, wurde der Nobelpreis für Physik an drei Wissenschaftler verliehen, insbesondere für Experimente, die die Grundlagen des Realismus zu widerlegen scheinen.

Realismus in der Physik ist die Annahme, dass die Natur so ist, wie wir sie kennen, unabhängig vom Messprozess existiert. Sie haben vielleicht von Experimenten mit verschränkten Teilchen gehört, die völlig unabhängig aussehen, aber wenn man den Zustand eines Teilchens misst, wird der Zustand des anderen immer entgegengesetzt, und dies geschieht mit unendlicher Geschwindigkeit. Es ist wichtig, dass Sie wählen können, in welchem Winkel die Messung durchgeführt werden soll, und somit beeinflussen Sie das Ergebnis direkt. Das heißt, Sie setzen dem Teilchen einen Rahmen, in dem es agieren kann, und es passt sich an.

Der Trick ist, dass das zweite Teilchen, selbst wenn es sich auf der anderen Seite des Universums befindet, sofort erfährt, in welchem Winkel sein Begleiter gemessen wurde, und nimmt sofort den entgegengesetzten Wert an, als ob es keine Entfernung zwischen ihnen gäbe.

Viele Wissenschaftler glaubten, dass es keine sofortige Verbindung gäbe, sie sagen, die Teilchen seien vereinfachte Optionen aus dem Set: Wenn man eines nahm und sah, dass es richtig ist, dann wird das zweite definitiv links sein. Aber derselbe Nobelpreis wurde insbesondere für die experimentelle Bestätigung der Verletzung der Bellschen Ungleichungen verliehen. In verständliche Sprache übersetzt bedeutet dies, dass, wenn die Teilchen Handschuhe wären, keiner von ihnen rechts oder links wäre, bis sie gemessen würden.

Zusammenfassend lässt sich sagen, dass Teilchen erstens keine Eigenschaften haben, bis sie gemessen werden, und zweitens, wenn ein Teilchen gemessen wird, erfährt das andere sofort davon. Und Physiker stellen fest, dass diese Idee der Magie näher kommt als alles, was sie zuvor gesehen haben.

George Musser erklärt in seinem Buch "Spooky Action at a Distance" (Unheimliche Fernwirkung), dass die Quantenverschränkung, die die Nichtlokalität der Welt bedeutet, Einstein so sehr beunruhigte, dass er sie "spukhafte Fernwirkung" nannte. Um zu verstehen, was Nichtlokalität ist und was hier wirklich passiert, muss man sich mit der Natur der Realität befassen, die wir vielleicht nie vollständig verstehen werden.

Nichtlokalität

Im Alltag wissen wir, dass man einen Gegenstand berühren muss, damit er sich bewegt. Nur seine unmittelbare Umgebung wirkt sich auf das Objekt aus. Oder damit eine Aktion an einem Punkt einen anderen Punkt beeinflusst, muss etwas im Raum zwischen diesen Punkten diese Aktion vermitteln. Zum Beispiel geschieht die Steuerung eines Spielzeughelikopters über eine Fernbedienung nicht durch magischen Einfluss, sondern durch Funkwellen. Dies ist das sogenannte Lokalitätsprinzip. Das heißt, jedes Objekt im Universum hat seinen eigenen Platz, und diese Objekte sind durch Ozeane des Raums voneinander getrennt.

Wenn man darüber nachdenkt, scheint es, dass es nur so sein sollte. Deshalb waren zu Newtons Zeiten viele sehr besorgt über sein Gravitationsgesetz. Dieses Gesetz besagte, dass Äpfel fallen und Planeten in der Nähe der Sonne gehalten werden, weil alles im Universum alles andere anzieht. Die Menschen machten sich darüber keine Sorgen, sondern weil diese Kraft nach Newtons Vorstellung sofort aus der Ferne wirkt. Heben Sie Ihren Finger auf der Erde, und alle fernen Planeten im Universum werden sofort erzittern. Lassen Sie ein wenig, aber es wird nicht einfacher. Die Schwerkraft springt von der Erde zum Apfel und vom Finger zu den Planeten und ignoriert den leeren Raum dazwischen. Je länger man darüber nachdenkt, desto erschreckender erscheint es.

Einstein beruhigte alle, indem er mit seinen Relativitätstheorien demonstrierte, dass der Gravitationseinfluss durch die Lichtgeschwindigkeit begrenzt ist. Können Sie sich an Ihre Reaktion erinnern, als Sie zum ersten Mal erfuhren, dass sich nichts schneller als das Licht bewegen kann? Ich erinnere mich, dass ich dachte, es sei seltsam und irgendwie aus dem Nichts. Viele Menschen ärgern sich darüber, dass es in der Welt, in der wir leben, eine Art unverständliche Geschwindigkeitsbegrenzung gibt. Und das ist natürlich traurig, dass uns die Geschwindigkeitsbegrenzung die Möglichkeit von Fernraumreisen nimmt. Aber etwas anderes ist wichtig: Sie möchten nicht in einer Welt ohne diese Einschränkung leben.

Wenn es keine Geschwindigkeitsbegrenzung gäbe, dann würden verschiedene abstoßende Situationen auftreten. Der französische Mathematiker Paul Painlevé beschrieb beispielsweise einen Fall, in dem ein Stern mit unendlicher Geschwindigkeit aus einem Schwarzen Loch fliegen könnte. Das heißt, ein solcher beschleunigter Stern von einem beliebigen unendlich entfernten Punkt im Universum könnte unser Sonnensystem sofort zerstören, und wir hätten nicht einmal Zeit, es zu verstehen oder zu bemerken oder sogar irgendwie eine solche Situation zu berechnen.

Tatsächlich ist es noch schlimmer. Nach der Relativitätstheorie können bei Überschreitung der Lichtgeschwindigkeit Ursache-Wirkungs-Beziehungen verletzt werden. Die bekannten Gesetze der Physik besagen also, dass ein Killerstern aus der Zukunft zu uns fliegen könnte. Unendliche Geschwindigkeit ist keine intuitive Sache, und sie löscht oft den Begriff des Raums aus. Sobald man die Worte "unendliche Geschwindigkeit" sagt, wird klar, dass hier etwas nicht stimmt. Unendlich schnelle Bewegung hat kaum das Recht, Bewegung genannt zu werden. Ein Objekt, das sich "bewegt", ist bereits am Ziel. Wie können Sie also sagen, dass es sich dorthin bewegt?

Stellen Sie sich eine Situation vor, in der ein Ball aus einer anderen Galaxie einen Ball in Ihrem Garten treffen und zurückkommen kann, wobei er null Zeiteinheiten für all dies aufwendet. Diese Situation wäre völlig nicht intuitiv. Entweder eine Situation, in der ein Ball einfach auf magische Weise einen anderen beeinflusst, oder eine Situation, in der es tatsächlich keinen Raum zwischen den beiden Bällen gibt. Verstehen Sie, warum verschränkte Teilchen zumindest eine alarmierende Glocke sind? Wenn Sie es nicht verstehen, dann ist es für Physiker zum Beispiel so wichtig, den Begriff des Raums und das Fehlen solcher Magie in unserer Welt zu bewahren, dass sie bereit sind, die Existenz jeder anderen Magie zuzugeben, nur um diese Fernwirkung zu erklären.

Die Hypothese des Superdeterminismus, die wir auch in den vorherigen Abschnitten betrachtet haben, ist, dass genau wie jeder Experimentator in jedem Labor der Welt Messungen durchführen wird, im Voraus geplant wurde. Das heißt, im Moment der Erschaffung des Universums wurden alle Anfangsbedingungen in seine grundlegende Struktur gelegt, einschließlich eines detaillierten Zeitplans jeder Messung, jedes Detektors, jedes Experimentators. Das gesamte Universum wurde so programmiert, dass es die entsprechenden Ergebnisse liefert und die Illusion einer sofortigen Verbindung zwischen verschränkten Teilchen erzeugt. Eine solche Erklärung ist natürlich äußerst unbequem und erfordert die Erkenntnis, dass wir alle nach einem vorgefertigten Drehbuch handeln, wie Schauspieler in einem grandiosen kosmischen Theaterstück.

Superdeterminismus

Superdeterminismus ist das Konzept, dass alles im Universum, einschließlich jedes Experiments und jeder Messung, im Moment des Urknalls vorherbestimmt war. Dem Experimentator scheint es, dass es ihm freisteht, Photonen in jedem beliebigen Winkel und zu jeder beliebigen Zeit zu messen, wo immer er will. Aber in Wirklichkeit sind alle seine Handlungen streng programmiert, um Teilchen so zu registrieren, dass sie konsistent aussehen, obwohl es in der Realität keine Konsistenz gibt.

Das heißt, damit der Experimentator beispielsweise kein für das Universum unerwünschtes Experiment durchführt, kann seine Nase anfangen zu jucken oder seine Frau kann ihn anrufen usw. Sie fragen sich vielleicht, was ist diese paranoide Täuschung? Diese Hypothese wird jedoch beispielsweise vom Nobelpreisträger für Physik und einem der Begründer des Standardmodells, Gerard 't Hooft, unterstützt. Er glaubt, dass Lokalität so wichtig ist, dass Physiker sogar verrückt klingende Ideen in Betracht ziehen sollten, um sie zu bewahren. Und dass ohne Lokalität die grundlegenden Gesetze der Physik sehr schwer oder sogar unmöglich zu formulieren wären.

't Hooft argumentiert, dass ein neues Gesetz der Physik in der Lage sein könnte, die Eigenschaften von Teilchen mit der Art und Weise in Einklang zu bringen, wie Menschen sie messen. Was heute wie eine Verschwörung erscheint, könnte das Ergebnis eines Erhaltungsgesetzes sein, von dem wir noch nichts wissen. (Denken Sie daran, es wird uns später sehr nützlich sein.)

Teilchen als Kristallkugeln

Eine ebenso verrückte Möglichkeit, die Lokalität zu bewahren, ist die Annahme, dass Teilchen in der Lage sind, die Zukunft zu sehen und dass Teilchen von Ereignissen beeinflusst werden können, die aus unserer Sicht in der Zukunft passieren sollten. Nach dieser Hypothese muss die Zukunft in der Lage sein, die Gegenwart genauso zu beeinflussen wie die Vergangenheit.

Teilchen können geboren werden, die bereits eine Erinnerung an das haben, was passieren wird. Insbesondere können sie sich die Einstellungen der Polarisatoren merken, denen sie später begegnen werden, und darauf vorbereitet sein, entsprechend zu reagieren.

Diese Idee wurde beispielsweise von den Physikern Richard Feynman und John Wheeler, die eindeutig keiner Einführung bedürfen, bereits ernst genommen. Das heißt, ja, aus Sicht der Wissenschaftler sind diese Optionen viel besser als die Zerstörung des Weltraums. Und wenn das Problem nur bei verschränkten Teilchen läge...

Das Blasenparadoxon

Schalten Sie die Glühbirne ein. Die Atome im Filament beginnen, Photonen zu emittieren. Wie stellen Sie sich diesen Prozess vor? Stellen Sie sich das allererste Photon vor, das aus der Lampe flog. Aus Sicht des Laien sagt die Mechanik, dass die Richtung des Photonenabgangs durch kein bekanntes physikalisches Gesetz bestimmt wird. Das Photon aus Ihrer Lampe scheint gleichzeitig in alle Richtungen zu fliegen und bildet eine Blase, die im Raum wächst. Und nur wenn die Blase ein Objekt erreicht, platzt sie mit einer gewissen Wahrscheinlichkeit und konzentriert die gesamte Energie der Blase an einem bestimmten Ort.

Physiker nennen dies den Kollaps der Wellenfunktion. Sie sehen das Licht der Lampe, weil viele solcher Blasen auf der Netzhaut Ihres Auges platzen. Dies gilt nicht nur für das Licht Ihrer Lampe, sondern auch für jede andere Lichtquelle, wie z. B. entfernte Sterne oder Galaxien.

Wenn Sie das Problem noch nicht sehen, dann ist eines der am weitesten entfernten Objekte, die mit bloßem Auge gesehen werden können, die Andromeda-Galaxie, die etwa 2,5 Millionen Lichtjahre von uns entfernt ist. Denken Sie jetzt darüber nach, was passiert, wenn Sie diese Galaxie betrachten. Blasen, die sich vor 2,5 Millionen Jahren auszubreiten begannen (Menschen gingen damals noch nicht einmal auf zwei Beinen), erreichten einen Durchmesser von 5 Millionen Lichtjahren, kollabierten sofort auf der Netzhaut Ihres Auges und tun dies sofort. Teile der Blase, die 5 Millionen Lichtjahre voneinander entfernt sind, erfahren sofort, dass sie sich nicht weiter ausbreiten müssen, als ob ihnen der Raum egal wäre.

Dies ist das sogenannte Blasenparadoxon. Wieder wird jemand sagen, dass diese Photonen eine Kleinigkeit sind und es in der Quantenmechanik um den Mikrokosmos geht. Aber Photonen sind die häufigsten Teilchen im Universum, die vom Standardmodell beschrieben werden, und soweit die

Menschen heute beurteilen können, ist die Quantenmechanik keine Theorie des Mikrokosmos, sondern eine Theorie der Welt, Punkt.

Alles, was existiert, besteht aus kleinsten Teilchen. Damit Sie das Ausmaß des Problems irgendwie einschätzen können: Einstein, in dem Versuch, eine Pause vom Nachdenken über ein solches Verhalten des Lichts zu machen, wissen Sie, was er getan hat? Er schuf die allgemeine Relativitätstheorie.

Nichtlokalität überall

Physiker entdecken immer mehr verdächtig mysteriöse nichtlokale Phänomene. Sie mögen alle völlig unabhängig und voneinander entfernt erscheinen, aber Wissenschaftler sagen, das ist der Punkt: Sie sind auf einer tieferen Ebene verbunden. Sie mögen unbeachtet erscheinen und sehr weit von unserer Alltagserfahrung entfernt sein, aber vergessen wir nicht, dass ein paar Tropfen Wasser auf die Existenz eines Ozeans hindeuten können und der Blick auf einen fallenden Apfel zum Schluss der Möglichkeit von Schwarzen Löchern führen kann. Seien Sie also versichert: Alle Beispiele für Nichtlokalität werden sich wie Puzzleteile sehr organisch in den Wahnsinn einfügen, über den wir etwas später sprechen werden.

Wenn man zum Beispiel in den Nachthimmel schaut, scheint uns nichts Ungewöhnliches daran zu sein. Aber das scheint nur so zu sein, bis man herausfindet, dass Materie im frühen Universum auf so viele verschiedene Arten verteilt sein könnte, dass es nicht nur unwahrscheinlich, sondern fast unmöglich wäre, dass sie an allen Punkten die gleiche Dichte und die gleiche Temperatur erreicht. Irgendwelche zwei Galaxien oder zwei große Gasansammlungen an entgegengesetzten Enden unseres Himmels, ganz am Rande des beobachtbaren Teils des Universums, sind so weit voneinander entfernt, dass das Licht aus der Zeit des Urknalls noch keine Zeit hatte, von einer Galaxie zur anderen zu fliegen. Das heißt, Sie verstehen, sie sehen sich nicht einmal, sie konnten in keiner Weise Energie oder Materie austauschen, und dennoch sind sie sich sehr ähnlich. Der amerikanische Physiker Charles Misner sagte: "Es ist äußerst schwierig zu erklären, warum der Himmel nicht mit Flecken übersät ist." Beobachtungen haben die Konsistenz von Objekten gezeigt, die nie die physische Fähigkeit hatten, miteinander zu interagieren. Und 1972 wagte der russische Theoretiker Yakov Zeldovich zu behaupten, dass eine bestimmte Art von Quanten-Nichtlokalität die Homogenität des Kosmos erklären könnte. Er wagte es, weil, ich erinnere Sie daran, zu sagen, dass die Lokalität hier verletzt wird, bedeutet zu sagen, dass der Raum seine Funktionen nicht erfüllt. Und wenn Nichtlokalität in der Natur wirklich existiert, dann wird sie jede Wissenschaft zerstören, denn die Grundlage der wissenschaftlichen Methode ist die Identifizierung von Ursachen und die Vorhersage von Folgen.

Aber wie stellt man Ursache-Wirkungs-Beziehungen her, wenn sich Objekte auf magische Weise sofort und in beliebiger Entfernung beeinflussen können? Wenn etwas die Lokalität in Frage stellt, stellt es auch den Raum in Frage und damit auch raumbezogene Theorien. Und das ist für eine Sekunde jede Theorie, die wir haben.

Einstein verstand, dass das Prinzip der Lokalität und damit unser Verständnis von Raum falsch sein könnte. Einige Monate vor seinem Tod dachte Einstein darüber nach, was das Verschwinden des Raums für unser Verständnis der Welt bedeuten könnte. "Dann wird nichts von meinem Luftschloss übrig bleiben, einschließlich der Gravitationstheorie sowie der gesamten modernen Physik", sagte Albert Einstein. Sogar Niels Bohr, der in vielen anderen Fragen mit Einstein nicht einverstanden war, nannte die Fernwirkung irrational und völlig unverständlich.

Inzwischen glauben Physiker, die Schwarze Löcher untersuchen, dass Materie in diesen kosmischen Staubsaugern von einem Ort zum anderen springen kann, ohne die Entfernung zwischen ihnen zu überwinden. Aber wie Mayer schreibt, liegt das Hauptgeheimnis nicht dort, sondern im Kern von Schwarzen Löchern – in der Singularität. Wo denken Sie, befindet sich die Singularität in einem Schwarzen Loch? Die allgemeine Relativitätstheorie besagt, dass die Materie im Inneren eine unendliche Dichte erreicht und die Raumzeit wie eine überladene Tasche zerreißt.

Und die Frage "Wo ist die Singularität?" impliziert das Vorhandensein von Raum. Wie können wir fragen "wo", wenn der Raum, relativ zu dem die Position der Singularität bestimmt werden soll, nicht mehr existiert? Wir können buchstäblich nicht mehr sagen "da drüben" oder "hier" oder "15 Meter nach rechts". Ein Paradoxon, und daher klingt auch die Antwort paradox: In einem Schwarzen Loch existiert die Singularität nirgendwo und gleichzeitig überall. Das ist nicht leicht zu kommentieren.

Wie wir sehen können, kriechen räumliche Anomalien von überall her: in Experimenten auf dem Quantenfeld, in den Paradoxien Schwarzer Löcher, in der großräumigen Struktur des Universums. In all diesen Beispielen betritt die Physik die Dämmerungszone. Entfernung kann ihre Bedeutung verlieren. Das Universum wird unkenntlich und erscheint in verschiedenen Kontexten. Sie haben eine auffallende Ähnlichkeit, was darauf hindeutet, dass Physiker verschiedene Teile desselben Elefanten fühlen.

Das holographische Prinzip

"Wir glauben, dass es eine dreidimensionale Welt gibt, die existiert, auch wenn niemand sie betrachtet, und dass sie reale Objekte wie Äpfel und Wasserfälle enthält." - Donald Hoffman

Schwarze Löcher sind erschreckende Objekte, die besser nicht existieren sollten. Wenn Sie das nicht glauben, dann haben Sie sich einfach nie ernsthaft vorgestellt. Es scheint, dass so viele seltsame Dinge über sie gesagt wurden, wir haben gerade über den unverständlichen Ort der Singularität im Inneren gesprochen. Nun, was können Sie noch hinzufügen? Aber nein, sie verblüffen weiterhin. Im Allgemeinen haben Jacob Bekenstein und Stephen Hawking berechnet, dass Schwarze Löcher ihre Größe auf äußerst verdächtige Weise vergrößern, atypisch für die dreidimensionale Welt.

Stellen Sie sich vor, Sie haben eine Box, in die ein Gegenstand passt. Wenn Sie eine andere Schachtel nehmen, deren Kantenlänge doppelt so groß ist, wird die Oberfläche viermal größer und das Volumen achtmal größer. Das heißt, wenn Sie ein Objekt in die erste Box stopfen können, passen acht der gleichen Objekte in die zweite. Dies ist das sogenannte Quadrat-Würfel-Gesetz, das Galileo vor 400 Jahren demonstrierte. So funktioniert Geometrie in der dreidimensionalen Welt. Können Sie sich vorstellen, dass es anders funktioniert?

Aber Tatsache ist, dass dies auf Schwarze Löcher überhaupt nicht zutrifft. Nun, das heißt, schauen Sie, aus unserer Sicht wäre es normal, wenn alles wie mit einer Kiste wäre. Das heißt, wenn die Verdoppelung des Radius eines Schwarzen Lochs die Fläche seiner Kugel um das Vierfache und das Volumen und dementsprechend die Kapazität um das Achtfache erhöhen würde. Dies geschieht jedoch nicht. Gehen wir langsam vor: Wenn sich der Radius eines Schwarzen Lochs verdoppelt, erhöht sich die Fläche seiner Kugel erwartungsgemäß um das Vierfache, aber sein Volumen erhöht sich nicht wie erwartet um das Achtfache, sondern auch um das Vierfache. Das heißt, es ist, als hätten wir im Beispiel mit der zweiten Box optisch Platz für acht Objekte bekommen, konnten aber trotz des scheinbaren Raumvolumens im Inneren nur vier hineinquetschen.

"Etwas würde Sie daran hindern, den fünften Gegenstand hineinzustopfen. Dies ist nur in einem Fall möglich: Tatsächlich erhöht die Erhöhung der Breite und Länge des Lochs seine Kapazität, aber die zusätzliche Höhe bringt nichts, als ob diese Messung illusorisch wäre." - George Musser.

Das heißt, das Objekt Schwarzes Loch sieht dreidimensional aus, verhält sich aber wie ein zweidimensionales. Was ist das? Ein zweidimensionales Objekt im dreidimensionalen Raum?

Und hier ist der Haken. Schwarze Löcher sind keine kleinen, immateriellen Teilchen. Sie können leicht das gesamte Sonnensystem verschlingen, aber sie sind sehr weit von uns entfernt, sodass Sie vielleicht denken, dass dieses seltsame Verhalten sie nichts angeht. Diese Geschichte hat jedoch sehr weitreichende Folgen. Hawking und Bekenstein erkannten schnell, dass diese Regel nicht nur für Schwarze Löcher, sondern für alle anderen Räume gilt. Wenn Sie nicht verstehen, wie das möglich ist, dann erklärt Donald Hoffman es mit einem einfachen Beispiel: Die maximale Informationsmenge, die sechs Kugeln enthalten können, ist größer als die maximale Informationsmenge, die eine große Kugel enthalten kann, in die diese sechs passen könnten. Das heißt, das Volumen spielt buchstäblich keine Rolle, nur die Oberfläche ist wichtig.

In unserer gewöhnlichen Welt, weit weg von Schwarzen Löchern, sehen Objekte auch dreidimensional aus, verhalten sich aber wie zweidimensionale. Ich möchte, dass Sie sehr gut verstehen, was gemeint ist. Wenn Sie versuchen, genau so viele Dinge zu stopfen, wie eine bestimmte Fläche des Raums visuell suggeriert, dann wird diese Fläche des Raums zu einem Schwarzen Loch kollabieren, das bereits so viel Platz einnimmt, wie es braucht. Dies wird als holographisches Prinzip bezeichnet. Die Physiker Leonard Susskind und Gerard 't Hooft beschäftigen sich mit seiner Studie. Susskind sagt: "Hier ist die Schlussfolgerung, zu der 't Hooft und ich gekommen sind: Die dreidimensionale Welt unserer gewöhnlichen Erfahrung, das Universum voller Galaxien, Sterne, Planeten, Häuser, Steine und Menschen, ist ein Hologramm, ein Bild der Realität, das auf einer entfernten zweidimensionalen Oberfläche kodiert ist." Dieses neue Gesetz der Physik, das holographische Prinzip genannt wird, besagt, dass alles innerhalb einer bestimmten Raumregion mit Bits an Informationen beschrieben werden kann, die sich an ihrer Grenze befinden.

Das holographische Prinzip und die AdS/CFT-Korrespondenz

Das holographische Prinzip und die AdS/CFT-Korrespondenz sind wichtige Konzepte in der modernen theoretischen Physik, die tiefe und manchmal kontraintuitive Einblicke in die Natur von Raum, Zeit und Realität bieten.

Das holographische Prinzip, vorgeschlagen von Leonard Susskind und Gerard 't Hooft, besagt, dass alle Informationen, die in einem bestimmten Raumvolumen enthalten sind, auf seiner Oberfläche beschrieben werden können. Die Idee entstand aus der Untersuchung Schwarzer Löcher. Wie Stephen Hawking zeigte, können Informationen über das von einem Schwarzen Loch absorbierte Material auf seinem Ereignishorizont kodiert werden, was zu der Annahme führte, dass dreidimensionaler Raum auf einer zweidimensionalen Oberfläche beschrieben werden kann.

Dieses Prinzip hat weitreichende Auswirkungen auf unser Verständnis des Universums. Es deutet darauf hin, dass unsere dreidimensionale Welt ein Hologramm sein könnte, d. h. eine Projektion zweidimensionaler Informationen.

Die AdS/CFT-Korrespondenz (Anti-de Sitter/Conformal Field Theory), vorgeschlagen von Juan Maldacena, ist eine spezifische Realisierung des holographischen Prinzips. Sie stellt eine Verbindung zwischen der Gravitationstheorie im (d+1)-dimensionalen Anti-de-Sitter-Raum (AdS) und der konformen Feldtheorie (CFT) im d-dimensionalen Raum her. Diese Korrespondenz legt nahe, dass Theorien in verschiedenen Dimensionen äquivalent sind und dass Gravitationsprozesse im Bulk-AdS-Raum ohne Gravitation an seiner Grenze unter Verwendung der Feldtheorie beschrieben werden können.

Einfacher ausgedrückt: Stellen Sie sich vor, wir haben zwei verschiedene Theorien: eine ist die Gravitationstheorie, die beschreibt, wie sich Objekte im Raum anziehen, und die andere ist die konforme Feldtheorie, die die Bewegung von Teilchen und andere physikalische Prozesse beschreibt. Juan Maldacena schlug die Idee vor, dass diese beiden unterschiedlichen Theorien miteinander in Beziehung stehen könnten. Insbesondere schlug er vor, dass die Gravitationstheorie in einem bestimmten Raum, der als "Anti-de-Sitter-Raum" bezeichnet wird, mit der konformen Feldtheorie in einem Raum mit weniger Dimensionen in Beziehung gesetzt werden könnte.

Diese Korrespondenz, bekannt als AdS/CFT, bedeutet, dass es möglich ist, Gravitationsphänomene im Raum der Gravitation zu beschreiben, ohne die Gravitation selbst zu verwenden. Stattdessen wird die konforme Feldtheorie in einem Raum mit weniger Dimensionen verwendet.

Beispiel mit Schwarzen Löchern und AdS/CFT

Schwarze Löcher sind zentrale Objekte für das Verständnis des holographischen Prinzips. Angenommen, es gibt ein Schwarzes Loch mit Radius R. In der gewöhnlichen dreidimensionalen Geometrie sollte das Volumen dieses Schwarzen Lochs als R^3 wachsen, aber das holographische Prinzip besagt, dass Informationen über dieses Schwarze Loch auf seiner Oberfläche kodiert werden sollten, deren Fläche als R^2 wächst. Dies bedeutet, dass die maximale Informationsmenge, die in einem Schwarzen Loch gespeichert werden kann, mit dem Quadrat des Radius wächst, nicht mit dem Würfel, der einem dreidimensionalen Volumen entspricht.

Somit sind das Konzept von Raum und Zeit möglicherweise nicht das, was wir gewohnt sind, sie wahrzunehmen, und können von grundlegenderen physikalischen Prinzipien abhängen, die wir gerade erst zu verstehen beginnen.

David Bohms holographisches Universum

Während der Arbeit an dem Buch stieß ich auf den Wissenschaftler David Bohm, den ich in der Physikliteratur aus irgendeinem Grund bisher nicht bemerkt hatte. Als ich mich näher mit seinen Werken vertraut machte, fand ich heraus, dass er einer der herausragendsten Physiker des 20. Jahrhunderts war und auf Augenhöhe mit Albert Einstein selbst zusammenarbeitete. Bohm schlug seine populäre Interpretation der Quantenmechanik vor, die sogenannte "Pilotwelle", die in der wissenschaftlichen Gemeinschaft sehr interessant und bedeutend ist.

Darüber hinaus ist eines der faszinierendsten Konzepte, die Bohm entwickelte, die Theorie des holographischen Universums. Nach diesem Modell ist die Realität plastischer und veränderlicher, als wir zu denken gewohnt sind. Alle Informationen über das Ganze sind in jedem seiner Teile enthalten, wie in einem Hologramm. Das bedeutet, dass jedes Teilchen im Universum alle Informationen über das gesamte Universum enthalten kann.

Karl Pribram, ein renommierter Neurophysiologe, schlug vor, dass unser Gehirn wie ein Hologramm funktioniert. Das bedeutet, dass es Informationen durch Interferenzmuster verarbeitet, ähnlich wie Hologramme mit Licht erzeugt und interpretiert werden.

Stellen Sie sich vor, dass das Gehirn Informationen nicht linear wie ein Computer verarbeitet, sondern wie ein Hologramm. In der Holografie werden Informationen über das gesamte Objekt über das gesamte Hologramm verteilt, und jedes seiner Fragmente enthält Informationen über das gesamte Objekt. Dies könnte erklären, warum Menschen in der Lage sind, riesige Mengen an Informationen zu speichern und sofort zu reproduzieren.

Dieses Konzept gab der Forschung auf dem Gebiet der Neurowissenschaften einen neuen Impuls. Es half, die komplexen Prozesse des Gedächtnisses, des Bewusstseins und der Wahrnehmung zu verstehen. Pribram glaubte, dass das Gehirn Wellenmuster verwendet, um Informationen zu verarbeiten und zu speichern, ähnlich wie Wellen auf der Wasseroberfläche komplexe Muster erzeugen.

Michael Talbot, Autor von "The Holographic Universe", diskutiert die Möglichkeit, außersinnliche Phänomene durch das holographische Modell zu erklären. Talbot schlägt vor, dass alle Teile des Gehirns mit dem Universum verbunden sind, was Phänomene erklären könnte, die über gewöhnliche Sinneswahrnehmungen hinausgehen. Zum Beispiel können außersinnliche Wahrnehmung, Vorahnung und sogar Telepathie ihre Wurzeln in der holographischen Natur der Realität haben.

Diese Erfahrungen können darauf hindeuten, dass das Bewusstsein nicht auf den physischen Körper beschränkt ist und unabhängig davon existieren kann. Dies ist natürlich nur eine Annahme, aber es klingt interessant.

Molyneux' Problem

Molyneux' Problem wurde erstmals 1688 von dem englischen Naturphilosophen William Molyneux in einem Brief an John Locke formuliert. Das Problem besteht im Wesentlichen darin: Würde eine blind geborene Person, die im Erwachsenenalter das Augenlicht erhalten hat, in der Lage sein, einen Würfel und eine Kugel sofort nur mit dem Sehen zu unterscheiden, ohne den Tastsinn zu benutzen?

Locke und Molyneux kamen zu dem Schluss, dass eine solche Person einen Würfel und eine Kugel nicht allein durch Sehen unterscheiden könnte. Sie glaubten, dass Erfahrung und Lernen notwendig sind, um eine Verbindung zwischen taktilen und visuellen Wahrnehmungen herzustellen.

George Berkeley unterstützte in seiner Arbeit "An Essay Towards a New Theory of Vision" (1709) ebenfalls diese Idee und stellte fest, dass die Verbindung zwischen der Welt der Berührung und der Welt des Sehens nicht natürlich ist, sondern nur durch Erfahrung hergestellt wird.

Heutzutage kann dieses Problem experimentell untersucht werden. Zum Beispiel leitete der indische Wissenschaftler Palan Singh zwischen 2007 und 2010 eine Studie mit fünf Patienten, die nach einer chirurgischen Behandlung von Katarakten das Augenlicht erhielten. Sie erhielten innerhalb von 48 Stunden nach der Operation einen speziell entwickelten Test.

Die Ergebnisse zeigten, dass die Patienten nicht sofort taktiles Wissen über die Form mit visueller Wahrnehmung in Verbindung bringen konnten. Ihre Ergebnisse waren nicht besser als zufälliges Raten. Erst im Laufe der Zeit, durch Lernen und Erfahrung, begannen sie, Objekte besser zu erkennen, aber immer noch nicht zu 100 %.

Diese experimentellen Daten stützen die Idee, dass die Verbindung zwischen verschiedenen sensorischen Systemen nicht angeboren ist, sondern durch Erfahrung gebildet wird. Unsere Sinne, wie Sehen und Fühlen, liefern verschiedene Arten von Informationen über die Welt um uns herum, und nur durch die Integration dieser Informationen mit Erfahrung können wir eine ganzheitliche Sicht auf Objekte schaffen.

Molyneux' Problem stellt unsere Vorstellungen von Wahrnehmung und Wissen in Frage. Woher wissen wir, was wir wissen? Warum glauben wir, dass das, was wir durch Berührung fühlen, dem entsprechen sollte, was wir sehen? Diese Fragen haben tiefgreifende philosophische und psychologische Auswirkungen.

Alles aus Bit

Die Physiker Niels Bohr und Werner Heisenberg haben mit ihren revolutionären Theorien einen großen Beitrag zu unserem Verständnis der Quantenmechanik geleistet. Bohr argumentierte, dass "nichts existiert, bis es gemessen wird", und Heisenberg fügte hinzu, dass "das, was wir beobachten, nicht die Natur selbst ist, sondern die Natur, die unserer Art der Befragung ausgesetzt ist".

Im Jahr 2022 erhielten Anton Zeilinger und seine Kollegen den Nobelpreis für Experimente, die dem Konzept des Realismus einen schweren Schlag versetzten. Ihre Arbeit zeigte, dass unsere Welt weitgehend von Informationen bestimmt wird, nicht von Materie.

Francis Crick, einer der Entdecker der DNA-Struktur, schrieb in Korrespondenz mit Donald Hoffman, dass man nach Kant das "Ding an sich", das grundsätzlich unerkennbar ist, unterscheiden sollte. Letztendlich glaubt Donald Hoffman selbst, dass das Universum, wie wir es kennen, nicht wirklich existiert, bis jemand es betrachtet. Aber es geht nicht darum, dass der Beobachter dieses Universum buchstäblich erschafft oder dass er die Welt mit der Kraft des Denkens und anderen ähnlichen Dingen beeinflussen kann, denen die Wissenschaft sehr skeptisch gegenübersteht.

Erinnern Sie sich an das Doppelspaltexperiment. Was passiert, wenn wir Photonen durch zwei Schlitze schicken? Wenn sich Photonen wie Kugeln verhalten würden, dann würden wir auf dem Bildschirm hinter der Trennwand mit zwei Schlitzen eine Verteilung in zwei Streifen erhalten. Da sich Photonen jedoch ausbreiten, bis sie fixiert sind, in alle möglichen Richtungen verhalten sie sich wie Wahrscheinlichkeitswellen, und auf dem Bildschirm erhalten wir eine normale Wahrscheinlichkeitsverteilung. Die meisten Photonen werden in der Mitte registriert, da ihre Registrierung dort am wahrscheinlichsten ist, und die Minderheit befindet sich an den Seiten, wo sie am unwahrscheinlichsten ist.

Wenn wir jedoch Detektoren in der Nähe beider Schlitze installieren, um herauszufinden, durch welchen Schlitz das Photon gegangen ist, kollabiert die Wellenfunktion nicht auf dem Bildschirm dahinter, sondern in der Nähe des ersten oder zweiten Schlitzes, da die Messung genau dort stattgefunden hat, und bereits gemessene Photonen auf dem Bildschirm dahinter zeigen eine Verteilung in zwei Streifen. Wenn nur ein Detektor in der Nähe nur eines der Schlitze installiert ist, verhält sich das Photon, auch ohne in diesem Schlitz fixiert zu sein, immer noch so, als ob es im benachbarten fixiert wäre, und das Muster auf dem hinteren Bildschirm ist das gleiche Zweistreifenmuster wie bei zwei Detektoren.

Für den Zusammenbruch der Wellenfunktion reicht es also nicht aus, nur zu messen, sondern sogar eine einfache grundsätzliche Möglichkeit, Informationen über den Ort des Teilchens zu erhalten. Und dies gilt für jedes Teilchen, da solche Phänomene in Experimenten mit zwei Schlitzen nicht nur masselose Teilchen zeigen. Im Jahr 2019 wurde unter der Leitung von Markus Arndt ein Weltrekord aufgestellt: Es gelang, wellenförmige Quanteneigenschaften in einem riesigen Molekül aus 2000 Atomen zu beobachten. Ein bisschen mehr, und Wissenschaftler werden in der Lage sein, ähnliche Experimente mit Viren durchzuführen, die manchmal als eine der Formen des Lebens angesehen werden.

Daher ist die Quantenseltsamkeit nicht auf die subatomare Ebene beschränkt, sie erstreckt sich auf alle Materie. Einer der einflussreichsten theoretischen Physiker des 20. Jahrhunderts, John Wheeler, sagte, dass "kein Wesen als grundlegend angesehen werden kann, wenn es nicht die gesamte Physik des Kontinuums in die Sprache der Bits übersetzt." Er bestand darauf, dass Raumzeit und ihre Objekte nicht fundamental sind. Stattdessen schlug er das Prinzip "Es aus Bit" vor. Mit anderen Worten, Materie aus Informationen. Das Prinzip ist, dass Information grundlegend ist, nicht Materie. Materie entsteht aus Informationsbits.

Die Interface-Theorie der Wahrnehmung

Donald Hoffman schlägt eine neue Perspektive auf unser Verständnis der Realität vor, die er "Interface-Theorie der Wahrnehmung" nennt. Sie argumentiert, dass wir nicht wissen, was das wahre Universum ist, aber unsere Wahrnehmung eine Art Code für Fitness ist, der uns hilft, in unserer Umgebung zu überleben und zu funktionieren.

Hoffman zieht eine Analogie zur Verwendung eines Computers. Stellen Sie sich vor, Sie schreiben einen Brief auf einem Computer und speichern ihn auf Ihrem Desktop. Sie sehen das Dateisymbol - ein blaues Rechteck in der Mitte des Desktops. Dies bedeutet jedoch nicht, dass die Datei selbst ein blaues

Rechteck ist und sich in der Mitte Ihres Computers befindet. Die Farbe und Form des Symbols sind keine wirklichen Eigenschaften der Datei, und ihre Position entspricht nicht der tatsächlichen Position der Datei im Speicher des Computers. Die Datei wird als eine Reihe von Informationsbits gespeichert, und die Position dieser Bits hat nichts mit dem Symbol auf dem Desktop zu tun.

Das Symbol versucht nicht, die wahre Natur der Datei zu vermitteln; im Gegenteil, sein Zweck ist es, diese Natur zu verbergen und den Benutzer vor unnötigen technischen Details zu bewahren. Wenn Sie Bits und elektrische Schaltungen manipulieren müssten, anstatt einfach auf ein Symbol zu klicken, würden Sie viel mehr Zeit und Mühe für Aufgaben aufwenden.

Computerschnittstellen haben sich entwickelt, um die Komplexität des Innenlebens eines Computers zu verbergen, und unsere Sinne tun dasselbe. Alles, was wir sehen und fühlen, ist die Homo sapiens Benutzeroberfläche. Die Raumzeit ist unser Desktop, und physische Objekte wie Löffel und Sterne sind Schnittstellensymbole.

Wenn Sie fragen, ob der Mond wirklich existiert und ob wir seine wahre Farbe, Größe, Form und Position sehen, ist das so, als würden Sie fragen, ob das Pinselsymbol in Paint existiert, bevor Sie es zum Zeichnen auswählen, und ob dieses Symbol die wahre Farbe, Größe, Form und Position des Pinsels im Computer widerspiegelt. Die Interface-Theorie der Wahrnehmung legt nahe, dass unsere Wahrnehmung von Objekten nicht dazu da ist, die objektive Realität widerzuspiegeln, sondern um das einzige zu kommunizieren, was für die Evolution wichtig ist - Informationen über die Fitness.

Zum Beispiel ist ein großer, beängstigender Bär nur ein Symbol. Aber warum nicht damit spielen? Tatsache ist, dass die Evolution in unserer Benutzeroberfläche kein Symbol für ionisierende Strahlung geschaffen hat, sodass wir die Millionen von Partikeln, die unseren Körper täglich schädigen, nicht spüren. Für die Evolution ist dies nicht wichtig, da es uns nicht daran hindert, aufzuwachsen und Kinder zu bekommen. Aber wenn Sie ein Strahlengefahrenschild sehen, nehmen Sie es ernst, obwohl es nichts mit der Strahlung selbst zu tun hat. Ebenso sollten wir das Schlangensymbol in unserer Benutzeroberfläche aus demselben Grund nicht berühren, aus dem wir einen Torpedo auf einem U-Boot-Bildschirm vermeiden würden.

Die Evolution hat unsere Sinne so geformt, dass sie unser Leben retten, daher ist es besser, Symbole ernst zu nehmen. Aber ernst nehmen bedeutet nicht wörtlich. Wenn ich eine Schlange auf mich zukriechen sehe, sollte ich sie ernst nehmen, aber das bedeutet nicht, dass es etwas Braunes, Glattes und Scharfzahniges gibt, wenn niemand hinsieht.

Donald Hoffman betrachtet auch unsere Wahrnehmung von Raum und Zeit als Code für die Energiekosten, Ressourcen zu erhalten. Wenn es beispielsweise eine Kalorie kostet, einen Apfel zu bekommen, wird er als in einer bestimmten Entfernung wahrgenommen. Neuere Experimente bestätigen diese Idee: Menschen, die Glukosegetränke trinken, schätzen die Entfernung geringer ein als diejenigen, die Getränke mit künstlichen Süßstoffen trinken. Trainiertere Menschen schätzen die Entfernung auch geringer ein als weniger trainierte.

Kritiker wie Michael Shermer erkennen an, dass die Interface-Theorie der Wahrnehmung ernsthafte Beachtung verdient, äußern aber Zweifel an ihren Grenzen. Hoffman entgegnet, dass Wissenschaft und Technologie es uns ermöglichen, unsere Welt immer besser zu verwalten, aber das bedeute nicht, dass wir ihre wahre Natur verstehen. So wie Minecraft-Spieler immer besser darin werden, ihre Welten zu manipulieren, verstehen sie nicht unbedingt die komplexen Algorithmen hinter dem Spiel.

In Donald Hoffmans Überlegungen zum bewussten Realismus wird festgestellt, dass Bewusstsein eine Manifestation der mathematischen Natur der Realität ist. Nach diesem Konzept ist Bewusstsein nicht Teil des naturwissenschaftlichen Weltbildes, da die Welt, die wir erforschen, unsere Wahrnehmungsoberfläche ist.

Bewusstsein passt laut Hoffman nicht in den Rahmen der Naturwissenschaften, da es sich nicht aus Sicht physikalischer Prozesse erklären lässt. Versuche, das subjektive Erleben auf die Aktivität von Neuronen im Gehirn zu reduzieren, geben beispielsweise keine vollständige Antwort auf die Frage nach der Natur des Bewusstseins.

Hoffmans Theorie des bewussten Realismus schlägt vor, Bewusstsein als Manifestation einer grundlegenderen Ebene der Realität zu betrachten, die mathematisch beschrieben werden kann und nicht auf physikalische Phänomene beschränkt ist.

KAPITEL 7: Mathematische Realität

Kosmologie und Magie

Als wir über echte Wissenschaft sprechen, gibt es ein ungelöstes Rätsel in ihrem Herzen. Im Dezember 1998 erhielt Max Tegmark, ein renommierter Kosmologe, eine E-Mail, die ihn aufregte. Es war ein Brief von einem berühmten Professor, der seine Artikel kritisierte:

"Lieber Max, deine verrückten Artikel tun dir nicht gut. Indem du sie bei renommierten Zeitschriften einreichst und sie nicht veröffentlicht, amüsierst du dich nur. Als Herausgeber einer führenden Zeitschrift würde ich deinen Artikel niemals durchlassen. Du musst verstehen, dass du, wenn du diese Aktivität nicht von deiner ernsthaften Forschung trennst, deine Zukunft gefährden könntest."

Als Tegmark diesen Brief an seinen Vater weiterleitete, antwortete er mit einem Zitat von Dante: "Geh deinen eigenen Weg und lass die Leute sagen, was sie wollen." Tegmark tat genau das, und heute ist er einer der berühmtesten Popularisierer der Wissenschaft, Professor am Massachusetts Institute of Technology, Autor zahlreicher Bücher und Teilnehmer an vielen Bildungsprogrammen.

Aber was schrieb er, das den Autor des Briefes so verärgerte? Es ist einfach: Tegmark drückte offen seine Ansichten darüber aus, was er für unser Universum hält.

Neuropsychologie und die Magie des Geistes

In seinem internationalen Bestseller "Der Mann, der seine Frau mit einem Hut verwechselte" beschreibt Oliver Sacks 24 Geschichten von Menschen mit psychischen Störungen. Von all diesen interessanten Geschichten sticht eine Geschichte hervor, die zwei Zwillinge betrifft - John und Michael.

Im Jahr 1966 traf Oliver Sacks diese zwanzigjährigen Zwillinge, bei denen seit ihrer Kindheit verschiedene Diagnosen gestellt worden waren, von Psychose und Autismus bis hin zu schwerer geistiger Behinderung. Die meisten Ärzte betrachteten sie als wissenschaftliche Idioten, Savants, deren Talent sich auf endloses Gedächtnis und die Fähigkeit beschränkte, sofort zu bestimmen, auf welchen Wochentag ein beliebiges Datum fällt.

Hier ist eines der Beispiele, die Sacks beschreibt. Einmal fiel eine Schachtel Streichhölzer vom Tisch und ihr Inhalt verstreute sich auf dem Boden. Die Zwillinge riefen gleichzeitig: "111!" Und dann flüsterte John: "37", und

Michael wiederholte diese Zahl. John wiederholte es ein drittes Mal und hielt inne. Sacks versuchte, die Streichhölzer zu zählen, und stellte fest, dass es tatsächlich 111 waren.

Sacks fragte sie, wie sie die Streichhölzer so schnell zählen konnten. Als Antwort hörte er: "Wir haben nicht gezählt, wir haben nur gesehen, dass es 111 waren."

Beeindruckt setzte er das Gespräch fort: "Und warum hast du 37 geflüstert und es dreimal wiederholt?" Die Zwillinge antworteten unisono: "37, 37, 37 - 111." Ihre Antwort war mysteriös und unverständlich, ebenso wie ihre Fähigkeit, die Anzahl der Streichhölzer sofort zu bestimmen, ohne zu zählen.

Sacks beschreibt, wie er eines Tages die Zwillinge in einem seltsamen Spiel erwischte: Sie tauschten sechsstellige Zahlen aus. Jedes Mal, wenn einer eine Zahl nannte, nickte der andere und antwortete glücklich mit einer anderen sechsstelligen Zahl. Sacks schrieb diese Zahlen auf und überprüfte sie zu Hause anhand der Tabellen. Er fand heraus, dass alle Zahlen, die die Zwillinge austauschten, Primzahlen waren.

Eine Primzahl ist eine Zahl, die nur durch eins und sich selbst teilbar ist. Zum Beispiel sind 7, 11, 13 Primzahlen. Bei kleinen Zahlen ist es leicht zu bestimmen, welche davon Primzahlen sind und welche nicht. Aber wenn die Zahl sechsstellig wird, wird diese Aufgabe schwieriger. Die Zwillinge tauschten jedoch solche Zahlen aus, als wäre es eine gewöhnliche Sache.

Am nächsten Tag beschloss Sacks, ein Experiment durchzuführen. Er ging auf die Zwillinge zu und nannte eine achtstellige Primzahl. Die Zwillinge erstarrten in tiefer Konzentration, und nach einer halben Minute lächelten beide gleichzeitig - sie überprüften und stellten fest, dass die Zahl eine Primzahl war.

Danach begannen sie, zwölf und dann zwanzigstellige Zahlen auszutauschen. Sacks konnte diese Zahlen nicht überprüfen, da seine Tabellen für maximal zehn Ziffern ausgelegt waren. In den 60er Jahren konnten nur die leistungsfähigsten Computer eine solche Überprüfung durchführen, und selbst für sie war es schwierig. Es gibt überhaupt keine direkte Möglichkeit, Primzahlen dieser Größenordnung zu berechnen, aber die Zwillinge haben es geschafft.

Sacks schreibt: "Sie sehen das arithmetische Universum direkt. Haben wir das Recht, es eine Pathologie zu nennen?"

Das Level-I-Multiversum

Gibt es außerirdische Zivilisationen? Die Antwort ist sehr einfach und eindeutig: Ja. Nach Max Tegmarks Berechnungen müssen Sie jedoch mindestens eine Milliarde Milliarden Kilometer überwinden, um zur nächsten solchen Zivilisation zu gelangen. Obwohl mit der gleichen Wahrscheinlichkeit Außerirdische eine Milliarde Milliarden Mal weiter entfernt sein können. Dies ist keine sehr nützliche Berechnung, aber die Hauptsache ist, dass sie definitiv da sind, und hier ist der Grund.

Zum Zeitpunkt der Veröffentlichung dieses Buches ist die offiziell bestätigte älteste Person auf dem Planeten unter den Lebenden Maria Branias Morera, die am 4. März 1907 geboren wurde. Während ihrer Schulzeit wurde ihr wahrscheinlich gesagt, dass der gesamte Kosmos nur aus dem Sonnensystem und einer Sternenwolke darum herum besteht. Aber allein im Rahmen ihres Lebens haben sich die Vorstellungen der Menschheit über die Größe des Universums so sehr verändert, dass sich das Universum, wie Maria es in ihren Schuljahren kannte, als nur eines von mehreren hundert Milliarden anderen Universen herausstellte, die wir jetzt beobachten und Galaxien nennen können.

Im Laufe der Menschheitsgeschichte hat sich eine solche Erweiterung des Horizonts wiederholt ereignet. Heute wissen wir, dass der Weltraum mindestens eine Milliarde Billionen Mal größer ist als die größten Entfernungen, die alten Jägern und Sammlern bekannt waren. Darüber hinaus argumentiert Max Tegmark, dass nach dem beliebtesten kosmologischen Modell bis heute, der Theorie der Inflation, der Raum nicht nur riesig, sondern unendlich ist.

In seinen Worten stimmt die Theorie der ewigen Inflation mit allen modernen Beobachtungen überein und ist die Grundlage für die meisten Berechnungen und Modelle, die auf kosmologischen Konferenzen vorgestellt werden.

Was ist mit Außerirdischen? Basierend auf der Tatsache, dass der Raum unendlich und mehr oder weniger gleichmäßig mit Materie gefüllt ist, kann argumentiert werden, dass es im Raum eine unendliche Anzahl außerirdischer Lebensformen gibt, selbst solche, die wir uns nicht vorstellen können. Im unendlichen Raum gibt es alles, was nicht durch die Gesetze der Physik verboten ist. Was ist das, eine Weltraumschlange? Offensichtlich gibt es Schlangen im Weltraum. Es gibt buchstäblich alles im Weltraum. Ein unendliches Universum ist ein sehr seltsamer Ort. Wenn die Gesetze der Physik beispielsweise die Existenz einer Lebensform zulassen, die ganze Planeten verschlingt, dann existieren solche Monster garantiert irgendwo.

Natürlich werden wir das wegen der begrenzten Lichtgeschwindigkeit und der Ausdehnung des Universums nicht sehen. Wir leben im Zentrum einer Blase mit einem Durchmesser von 93 Milliarden Lichtjahren, jenseits derer sich der Raum fortsetzt, aber wir können ihn nicht beobachten.

Schauen Sie sich dieses Modell des Universums an. Es sieht aus wie ein Spielzeuguniversum, in dem es nur vier Plätze für identische Teilchen gibt. Das bedeutet, dass es in diesem Spielzeuguniversum nur 16 mögliche Kombinationen von Materie geben kann. Stellen Sie sich nun vor, dass es um dieses Spielzeuguniversum herum andere Spielzeuguniversen gibt. Die Frage ist: Wie oft werden sich die Kombinationen von Spielzeuguniversen wiederholen? Antwort: Wir müssen durchschnittlich nur 16 benachbarte Universen überprüfen, um auf eine Wiederholung zu stoßen.

Übertragen Sie dieses Beispiel nun auf unser reales beobachtbares Universum. Natürlich gibt es viel mehr Möglichkeiten, Materie zu konfigurieren, aber diese Optionen sind immer noch begrenzt. Tegmark sagt also, dass es nach einer sehr konservativen Schätzung nicht mehr als 10^{118} Möglichkeiten gibt, wie unser beobachtbares Universum angeordnet werden kann. Ja, das ist eine riesige Zahl: eine Eins gefolgt von 10^{118} Nullen. Diese Zahl ist so groß, dass, wenn Sie die gesamte Materie im beobachtbaren Universum in Tinte verwandeln würden, Sie immer noch nicht genug hätten, um sie vollständig aufzuschreiben.

Und selbst trotzdem ist diese Zahl im Vergleich zur Unendlichkeit einfach unbedeutend. Und das bedeutet, dass, wenn Sie in irgendeine Richtung in den Himmel schauen, in einer Entfernung von ungefähr $10^{10^{118}}$ Durchmessern des beobachtbaren Universums von Ihnen in diesem Moment Ihre absolute Kopie Sie anschauen wird, die genau das gleiche Leben gelebt hat, genau die gleichen Gedanken gedacht und bis zum letzten Moment absolut dasselbe getan hat. Darüber hinaus befindet sich Ihr Doppelgänger auf genau demselben Planeten, in genau demselben Sonnensystem, in genau derselben Galaxie und in genau demselben beobachtbaren Universum.

Die Grenze zwischen Physik und Metaphysik

"Wir nehmen unsere Theorien zu ernst und nicht ernst genug." - Steven Weinberg, theoretischer Physiker, Nobelpreisträger.

Heute werden wir seltsame Ideen betrachten. Jemand könnte sagen: "Warum über solche metaphysischen Konzepte nachdenken?" Aber Max Tegmark argumentiert, dass die Grenze zwischen Physik und Metaphysik sehr unauffällig ist und sich ständig verschiebt. Zum Beispiel wissen wir heute, dass die Erde wie eine Kugel geformt ist, aber einst war es eine metaphysische

Hypothese. Oder das Erdmagnetfeld, das wir nicht sehen - was ist das, wenn nicht Metaphysik? Oder die Verlangsamung der Zeit bei hohen Geschwindigkeiten oder Teilchen, die sich an zwei Orten gleichzeitig befinden. Was ist mit der Krümmung des Raumes? Was ist mit Schwarzen Löchern? All dies war einst ein metaphysischer Abgrund, aber heute sind sie etablierte Fakten der physischen Welt.

Die Grenze zwischen Physik und Metaphysik wird also nicht durch die Seltsamkeit der Theorien bestimmt, wie man meinen könnte, sondern nur durch die grundsätzliche Möglichkeit ihrer experimentellen Überprüfung. Und nicht einmal alle Physiker denken so. Es wird immer deutlicher, dass Theorien, die auf moderner Physik basieren, tatsächlich prädiktiv, empirisch überprüfbar und falsifizierbar sein können.

Es gibt bis zu vier Ebenen paralleler Universen, und für mich persönlich ist die interessanteste Frage nicht, ob das Multiversum existiert, da die Existenz seiner ersten Ebene außer Zweifel steht, sondern wie viele Ebenen sich darin befinden. - Max Tegmark

Aber warten Sie, wir können kein Experiment durchführen und überprüfen, ob sich der Raum unendlich über unser beobachtbares Universum hinaus fortsetzt? Tegmark sagt, dass wir dies nicht überprüfen müssen, da die parallelen Universen, die durch unendlichen Raum gebildet werden, und alle anderen parallelen Universen, über die wir heute sprechen werden, keine Theorien sind, sondern Vorhersagen einiger Theorien.

Lassen Sie es mich anhand eines Beispiels erklären. Einsteins Theorie gibt eine genaue Vorhersage darüber, wie sich der Planet Merkur bewegt. Können Physiker das testen? Sie können, und sie überprüfen und stellen fest, dass die Vorhersagen der Theorie mit einer Genauigkeit an der Grenze der Messfähigkeiten der Instrumente erfüllt werden. Darüber hinaus sagt die Theorie auch voraus, dass Lichtstrahlen aufgrund der Krümmung des Raums ihre Flugbahn in der Nähe massiver Objekte ändern. Arthur Eddington bestätigte dies 1919 experimentell. Was noch? Die gravitative Zeitdilatation ist ebenfalls eine experimentell bestätigte Tatsache. Aber die allgemeine Relativitätstheorie sagt auch Dinge voraus, die wir wahrscheinlich niemals experimentell testen können. Zum Beispiel beschreibt sie bis zu einem gewissen Grad die Eigenschaften des Raums in Schwarzen Löchern. Wie überprüfen Sie, was drin ist? Sie können natürlich in ein Schwarzes Loch fliegen, aber Sie können keine Beobachtungen zur Veröffentlichung in einer wissenschaftlichen Zeitschrift übertragen.

Und dennoch werden alle Vorhersagen der Theorie über die innere Struktur Schwarzer Löcher von Wissenschaftlern sehr ernst genommen, und niemand wagt es, sie unwissenschaftlich zu nennen, da andere Vorhersagen der Theorie mit großer Genauigkeit funktionieren.

Tegmark schreibt: Ein wichtiges Merkmal physikalischer Theorien ist, dass, wenn Sie eine davon mögen, Sie sie vollständig "kaufen" müssen. Man kann nicht sagen: "Ich mag, wie die allgemeine Relativitätstheorie die Umlaufbahn von Merkur erklärt, aber ich mag keine Schwarzen Löcher, also möchte ich auf sie verzichten." Sie können die allgemeine Relativitätstheorie nicht ohne Schwarze Löcher "kaufen". Die allgemeine Relativitätstheorie ist ein starres mathematisches Konstrukt, das keine Feinabstimmung zulässt. Und Sie müssen entweder alle seine Vorhersagen akzeptieren oder von Grund auf eine andere mathematische Theorie erfinden, die mit allen erfolgreichen Vorhersagen der allgemeinen Relativitätstheorie übereinstimmt und gleichzeitig vorhersagt, dass Schwarze Löcher nicht existieren. Dies erweist sich als äußerst schwierige Aufgabe, und bisher sind solche Versuche im Nichts geendet.

Und nach dem gleichen Prinzip hat die Inflationstheorie ihre eigenen verifizierten Vorhersagen. Dies ist eine sehr erfolgreiche Theorie, und daher ist es notwendig, diejenigen ihrer Vorhersagen ernst zu nehmen, die nicht überprüfbar erscheinen, insbesondere unendlichen Raum und parallele Universen.

Selbst diejenigen meiner Kollegen, die die Idee des Multiversums nicht mögen, neigen jetzt dazu zuzugeben, dass die Hauptargumente dafür Sinn machen. Im Allgemeinen hat sich die Kritik von "Das macht keinen Sinn und ich hasse es" zu "Ich hasse es" geändert. - Max Tegmark

Die Seltsamkeit bei der Entdeckung der Allgemeinen Relativitätstheorie

Die Physik offenbart uns eine Realität, die weitaus komplexer ist, als wir uns hätten vorstellen können. Sollten wir uns darüber wundern? Nein, die Evolution hat uns nur mit Intuition für diejenigen Aspekte der Physik ausgestattet, die für das Überleben unserer entfernten Vorfahren wichtig waren. Deshalb sind wir schockiert, wenn flüssiges Helium bei niedrigen Temperaturen nach oben fließt. Aber es gibt andere Phänomene, die, obwohl erstaunlich, aus irgendeinem Grund niemandem so erscheinen. Wir achten nicht einmal darauf, wie wir es diesmal auch nicht getan haben.

Die allgemeine Relativitätstheorie ist ein starres mathematisches Konstrukt. Ihre Vorhersagen funktionieren mit unglaublicher Genauigkeit. Aber niemand wundert sich darüber, wie die größte Theorie in der Geschichte der Menschheit entdeckt wurde. Hat Einstein durch ein Teleskop geschaut und seine Theorie entdeckt? Nein. Vielleicht hat er einige Messungen vorgenommen, um es zu entdecken? Auch nein. Statt irgendwelcher Experimente und Beobachtungen saß er neun Jahre zu Hause und zeichnete auf Papier.

Diese Runen und Pentagramme, die für die meisten Menschen auf dem Planeten überhaupt nichts bedeuten, nennen wir Mathematik und tun dies mit einem solchen Blick, als ob wir verstehen würden, worum es geht. Vielleicht werde ich jemanden überraschen, aber die kenntnisreichsten Menschen in Mathematik, Mathematiker, geben offen zu, dass sie im Allgemeinen keine Ahnung haben, was Mathematik ist. Wie der englische Philosoph Sir Michael Dummett einmal sagte: "Die beiden abstraktesten wissenschaftlichen Disziplinen - Mathematik und Philosophie - verursachen die gleiche Verwirrung darüber, was sie tatsächlich tun. Darüber hinaus wird diese Verwirrung nicht nur durch Unwissenheit verursacht, es ist schwierig, diese Frage selbst für Spezialisten auf den relevanten Gebieten zu beantworten."

Aber wir werden später darüber nachdenken. Im Moment versuche ich, Ihre Aufmerksamkeit auf etwas anderes zu lenken. Nehmen wir die gleiche Schwerkraft. Haben Sie jemals die Seltsamkeit von Objekten bemerkt, die unter dem Einfluss dieser Schwerkraft fallen?

Lassen Sie uns etwas fallen lassen und zuschauen. Zum Beispiel haben wir einen fallenden Ball. Hier fällt es und überwindet in einer Sekunde ein bestimmtes Segment der Distanz. Was denkst du, welches Segment der Strecke wird es in der nächsten Sekunde überwinden? Ich werde Sie nicht in Atem halten - in der nächsten Sekunde fliegt der Ball dreimal ein größeres Segment, in der dritten Sekunde - fünfmal mehr, in der vierten - siebenmal mehr, in der fünften - neun, dann elf und so weiter.

Schauen Sie noch einmal. Was denkst du ist die Seltsamkeit dieser Sequenz? Wenn Sie genau hinschauen, werden Sie keine einzige gerade Zahl bemerken. Der Fall eines Objekts ist eine Folge ungerader Zahlen, die von Galileo entdeckt wurde. Sie können Segmente nicht einmal pro Sekunde messen, sondern beispielsweise einmal alle 5 Sekunden oder einmal alle 2 Minuten - es spielt keine Rolle. Unabhängig vom gewählten Zeitintervall erhalten Sie immer genau eine solche Reihenfolge. Der Ball fällt, als ob das Universum genau wüsste, was ungerade und damit gerade Zahlen sind. Dies ist ein strenges mathematisches Gesetz, das wie jedes reale Gesetz keine Ausnahmen hat. Ein Gesetz, das irgendwie in das Gewebe des Universums eingewoben ist.

So erstaunliche Dinge bleiben oft unbemerkt, und wir nehmen sie als selbstverständlich hin. Aber aus solchen Dingen bildet sich unser Verständnis von Physik und dem Universum als Ganzes.

Regelmäßigkeit vs. Chaos

Wenn der Ball jedes Mal ein wenig anders fallen würde, hätte er wahrscheinlich Einstein selbst verblüfft. Lassen Sie mich an seine Worte aus einem Brief an den Mathematiker Maurice Solovine erinnern: "Sie finden es seltsam, dass ich von der Erkennbarkeit der Welt als Wunder oder ewiges Geheimnis spreche. Nun, a priori sollte man eine chaotische Welt erwarten, die nicht durch Denken erkannt werden kann."

In einer chaotischen Welt hätte sich das Gehirn wahrscheinlich einfach nicht entwickeln können. Zum Beispiel, so der amerikanische Neurobiologe Dean Buonomano, wenn jemand die ganze Essenz der Gehirnfunktion in zwei Worten formulieren müsste, wäre die beste Definition wahrscheinlich 'die Zukunft vorhersagen'. Das Gehirn führt ständig mathematische Berechnungen durch. Zum Beispiel wissen Sie höchstwahrscheinlich nicht, warum Ihnen eines der Gesichter eines Paares attraktiver erscheint als das andere. Aber dein Gehirn weiß es. Er hat schon alles herausgefunden.

All diese Berechnungen der Gesichtsattraktivität sind so komplex, dass es auf dem englischsprachigen YouTube einen Kanal gibt, der sich nur der Erforschung widmet, welche Gesichter das menschliche Gehirn als attraktiv empfindet, und es gibt bereits mehr als fünfhundert Videos. Das heißt, buchstäblich geht es bei der Attraktivität eines Gesichts um bestimmte Zahlen

Prozentsätzen, Verhältnissen und Proportionen, von denen Sie vielleicht nicht einmal ahnen, aber Ihr Gehirn hat sie schon immer gekannt. Es führt mathematische Berechnungen durch und sagt voraus, dass es mit dieser Person gute Nachkommen geben wird. Wir nennen es Attraktivität oder Schönheit.

Es ist klar, dass dies nicht nur für das Gesicht gilt. Zum Beispiel gehen viele Mädchen ins Fitnessstudio und hocken fleißig mit einer Langhantel, um Volumen in den Gesäßmuskeln aufzubauen. Aber wie sich herausstellt, ist ihr Volumen nicht so wichtig wie die Biegung des unteren Rückens. Männer bewerten den attraktivsten Winkel mit 45,5 Grad. Sie fragen, warum diese Zahlen und Verhältnisse? Einiges davon lässt sich erklären, aber gleichzeitig gibt es viele spezifische Zahlen auf der Welt, deren Ursprung nicht klar ist. Es ist nicht bekannt, warum die Zahl Pi, dh das Verhältnis des Umfangs eines Kreises zu seinem Durchmesser, in verschiedenen Zweigen der Physik zu finden ist, und es ist nicht klar, warum dies so ist.

Die Zahl Pi hat jedoch bereits alle überrascht, und Physiker sind daran gewöhnt, sie als etwas völlig Natürliches zu betrachten. Es gibt jedoch noch andere seltsame Zahlen. Zum Beispiel die Feigenbaum-Konstante. Mitchell

Feigenbaum arbeitete im berühmten Los Alamos Laboratory, das unter anderem an der Entwicklung der Atombombe beteiligt war. Eines Tages erhielt er einen coolen modernen HP 65 Taschenrechner, der inflationsbereinigt fast 5.000 Dollar kostete. Feigenbaum war fasziniert von dem neuen Spielzeug und stellte beim Studium des Verhaltens einer einfachen Funktion fest, dass sich die Zahlenfolge, die er als Ergebnis von Berechnungen erhielt, einer bestimmten Zahl nähert.

Als Feigenbaum andere Gleichungen untersuchte, stellte er fest, dass auch diese mysteriöse Zahl dort auftaucht. Er kam zu dem Schluss, dass er ein bestimmtes universelles Muster entdeckt hatte, das irgendwie den Übergang von Ordnung zu Chaos markiert. Obwohl er dafür keine Erklärung finden konnte. Zunächst standen Physiker dem skeptisch gegenüber, da es kaum zu glauben war, dass dieselbe Zahl das Verhalten verschiedener Systeme charakterisieren könnte. Sein erster Artikel wurde sechs Monate lang begutachtet und schließlich abgelehnt. Sehr bald zeigten jedoch Experimente, dass sich viele Dinge gemäß Feigenbaums Vorhersagen verhalten. Seine Konstante ergibt sich bei der Messung der Dynamik von Populationen von Lebewesen, der Reaktion des Auges auf flackerndes Licht, Vorhofflimmern und dem Verhalten von Wassertropfen in einem defekten Wasserhahn. Jetzt heißt diese Zahl die Feigenbaum-Konstante und ist in der wissenschaftlichen Welt bekannt.

Die Mystik der Mathematik

Nobelpreisträger Eugene Wigner sagte einmal einen Satz, der später viral wurde: "Die unglaubliche Wirksamkeit der Mathematik in den Naturwissenschaften ist etwas, das an Mystik grenzt, da es für diese Tatsache keine rationale Erklärung gibt." Haben Sie jemals darüber nachgedacht, was Sie tun, wenn Sie Musik hören? Ich meine, was ist es, Musik zu hören und warum haben wir so viel Freude daran?

In der Schule wurde uns der Satz des Pythagoras und Pythagoras selbst erzählt. Aber was uns in der Schule nicht gesagt wurde, war, dass Pythagoras der Gründer einer nach ihm benannten totalitären Sekte war. Seine Anhänger verehrten Zahlen und glaubten, dass Mathematik buchstäblich Gott sei. Ihr Motto war "Alles ist Zahl". Um Ihnen eine Vorstellung davon zu geben, wie ernst es dort war, als einer der Schüler, Hippasus, mathematisch bewies, dass nicht alle Dinge in ganzen Zahlen ausgedrückt werden können, wurde er nach einer Weile ertrunken aufgefunden.

Pythagoras entdeckte also, dass Musik mathematisch ist und dass die für das menschliche Ohr angenehmsten spezifische Verhältnisse von vibrierenden Saiten sind, nämlich zwei zu eins (2:1), drei zu zwei (3:2) und vier zu drei (4:3).

Diese Kombinationen von Tasten wurden zur Grundlage der klassischen Musik, der meisten Volksmusik sowie der Pop- und Rockmusik. So entdeckte Pythagoras, dass die Harmonie der Klänge, die wir fühlen, die Beziehungen widerspiegelt, die in einer scheinbar völlig anderen Welt stattfinden - der Welt der Zahlen.

Ich weiß nicht, wie oft Variationen dieser Frage heute wiederholt werden, aber wie ist das möglich? Der deutsche Mathematiker Gottfried Leibniz schrieb zu diesem Thema: "Das Vergnügen, das wir an Musik haben, kommt von Berechnungen, aber unbewussten Berechnungen. Musik ist nichts anderes als unbewusste Arithmetik." Arthur Schopenhauer glaubte, dass alles, was existiert, die Verkörperung des Weltwillens ist und Musik seine direkteste Manifestation ist. "Musik ist im Gegensatz zu anderen Künsten ein Abdruck des Willens selbst. Deshalb ist seine Wirkung so viel stärker und tiefer als die Wirkung anderer Künste, weil letztere vom Schatten sprechen, während Musik vom Wesen spricht."

Dank der wiederholt bestätigten Wahrheit von Leibniz' Aussage ist Musik nichts anderes als eine Möglichkeit, die großen Zahlen und Zahlenverhältnisse, die wir im Allgemeinen nur indirekt in Begriffen kennen können, direkt und wirklich zu verstehen. Und hier ist das Interessante: Menschen mit erworbenem oder angeborenem Savant-Syndrom, wie die Zwillinge, die ich am Anfang beschrieben habe, haben oft Superkräfte nicht nur in der Mathematik, sondern auch in derselben Musik. Dies deutet darauf hin, wie Oliver Sacks sagt: Zufallszahlen und in der Tat jede Willkür brachten den Zwillingen keine Freude. Sie suchten nach Bedeutung in Zahlen, wahrscheinlich so, wie Musiker nach Harmonie in Klängen suchen.

Oliver Sacks bemerkte, dass sich in Primzahlen, die die Zwillinge so sehr mochten, herausstellt, dass es wirklich ein mystisches verstecktes Muster gibt, das 1963 versehentlich vom Mathematiker Stanislav Ulam entdeckt wurde und das sogar wir, gewöhnliche Menschen, sehen können. Ulam saß bei einem sehr langen und sehr langweiligen Vortrag und versuchte, sich irgendwie zu unterhalten. Er begann, vertikale und horizontale Linien auf ein Blatt Papier zu zeichnen, um mit dem Komponieren von Schachstudien zu beginnen, begann aber stattdessen, die Zellen zu nummerieren. Er stellte einen in die Mitte und dann, spiralförmig bewegend, zwei, drei und so weiter. Gleichzeitig notierte er mechanisch Primzahlen. Es stellte sich heraus, dass Primzahlen in einem bestimmten harmonischen Muster aufgereiht sind.

Überrascht kehrte Ulam vom Vortrag zurück und erstellte eine Computervisualisierung davon, wie 90 Millionen Primzahlen aussehen würden, und sah dies. Dies ist das, was jetzt als "Ulam-Spirale" bezeichnet wird. Warum ergeben Zahlen, die ohne Rest nur durch sich selbst und durch eins teilbar sind, eine solche Schönheit?

Level-II-Multiversum

Alan Guth ist ein Physiker und Kosmologe, der die Idee der kosmischen Inflation vorschlug, die die Existenz eines Level-I-Multiversums vorhersagt. Aber es stellt sich heraus, dass es auch die Existenz eines Level-II-Multiversums vorhersagt, wie Alan Guth, Andrei Linde, Alexander Vilenkin und andere Physiker demonstriert haben.

Einmal bemerkte Guth in seinem Bericht, der am Massachusetts Institute of Technology gelesen wurde, dass, wenn wir ein Objekt in der Natur entdecken, der wissenschaftliche Ansatz nahelegt, dass wir auch den Mechanismus finden müssen, der dieses Objekt erzeugt hat. Autos werden beispielsweise in Autofabriken gebaut, Kaninchen werden unter Beteiligung von Kanincheneltern geboren und Planetensysteme entstehen beim Gravitationskollaps riesiger Molekülwolken. Daher müssen wir davon ausgehen, dass unser gesamtes Universum durch einen Mechanismus zur Schaffung von Universen erzeugt wurde. Und hier ist, was wichtig ist: Autofabriken, Kaninchen und riesige Staubwolken produzieren viele Kopien von dem, was sie erschaffen. Ein Universum, das nur ein Auto, ein Kaninchen und ein Planetensystem enthält, erscheint nicht natürlich.

Nach dieser Logik muss der Mechanismus, der unser Universum hervorgebracht hat, viele andere hervorgebracht haben. Das Level-I-Multiversum ist einfach ein Universum mit unendlichem Raum, in dem sich früher oder später alles wiederholt. Aber das Level-II-Multiversum ist bereits eine interessantere Struktur.

In der Physik gibt es neun fundamentale Teilchen, die Fermionen genannt werden. Jedes von ihnen hat seine eigene Masse, und diese Massen unterscheiden sich sehr voneinander. Aber das Interessante ist, dass sie, wenn man sich diese Massen ansieht, so aussehen, als wären sie zufällig ausgewählt worden.

Stellen Sie sich vor, Sie werfen neun Pfeile auf eine Dartscheibe. Jeder Pfeil trifft einen zufälligen Punkt, und der Abstand von der Mitte des Ziels zu jedem Pfeil ist unterschiedlich. Ebenso sehen die Massen von Fermionen zufällig aus, als ob sie ohne Muster auf der Massenskala "verstreut" wären.

Das ist seltsam, weil wir es gewohnt sind zu denken, dass alles im Universum seine eigenen Gründe und Muster hat. Aber die Massen fundamentaler

Teilchen scheinen keinen Regeln zu gehorchen. Dies wirft für Wissenschaftler eine wichtige Frage auf: Warum sind die Massen von Teilchen so, wie sie sind? Gibt es darin eine verborgene Bedeutung oder ist es nur ein Zufall?

Aber gehen wir weiter. Stellen Sie sich vor, Sie müssen den runden Knopf einstellen, der für die Dichte der dunklen Energie verantwortlich ist. Dunkle Energie ist eine abstoßende Kraft im Universum, also kann man es nicht übertreiben, sonst können sich keine Sterne und Galaxien im Weltraum bilden. Gleichzeitig wird das Universum, wenn Sie es nicht festziehen, sehr schnell unter dem Einfluss der Schwerkraft zusammenbrechen. Sie fragen, was ist in diesem Fall der Einstellbereich? Physiker haben berechnet, dass der maximal mögliche Wert etwa 10 hoch 120 Kilogramm pro Kubikmeter beträgt und der minimale Wert 10 hoch minus 97 Kilogramm pro Kubikmeter beträgt.

Was meinen Sie also, mit welcher Genauigkeit müssen Sie den Knopf drehen, damit unser Universum existieren kann? Antwort: Der Drehwinkel muss mit einer Genauigkeit von mehr als 120 Stellen nach dem Komma eingestellt werden. Es stellt sich heraus, dass Sie es nicht genau treffen können, egal wie Sie es drehen. Und doch hat es offensichtlich irgendein Mechanismus für unser Universum getan.

Und das Universum hat viele solcher "Stifte". Max Tegmark schreibt, dass die wissenschaftliche Gemeinschaft allmählich zu verstehen beginnt, dass viele von ihnen sehr fein abgestimmt sind. Wenn zum Beispiel die elektromagnetischen Kräfte um etwa 4 % geschwächt würden, würde die Sonne sofort explodieren. Wie lässt sich das erklären? Hier kann es drei Möglichkeiten geben. Die erste ist eine Kette glücklicher Zufälle. Die wissenschaftliche Methode toleriert jedoch keine ungerechtfertigten Zufälle. Wie Tegmark schreibt, zu sagen, dass "meine Theorie einen unvernünftigen Zufall erfordert, um mit Beobachtungen übereinzustimmen", ist dasselbe wie zu sagen, "meine Theorie ist falsch".

Die zweite Möglichkeit ist Gott, göttliches Eingreifen. Diese Option ist jedoch nicht viel besser als die vorherige, da sie nichts erklärt und selbst eine Vielzahl anderer Fragen aufwirft.

Und die dritte Option ist die Inflationstheorie. Es geht von einem Raum aus, der sich unendlich ausdehnt. Mit anderen Worten, es "kocht" und in diesem Raum erscheinen "Blasen", wie in einem Topf mit kochendem Wasser. Jede Blase ist ein Level-I-Multiversum mit unendlichem Raum im Inneren. Und all diese endlosen Blasen zusammen bilden ein Level-II-Multiversum.

Wenn Sie eine Frage haben, wie unendlicher Raum im endlichen Volumen dieser Blasen eingeschlossen werden kann, dann sage ich Ihnen noch mehr: Für einen externen Beobachter können all diese Universen wie Formationen aussehen, die kleiner als ein Atom sind, die wahrscheinlich so aussehen - ein Schwarzes Loch von subatomaren Universen, ihr Raum ist endlos.

Was wir also den Urknall nennen, war nicht der Anfang, sondern eher das Ende – das Ende der Inflation in unserer Region des Weltraums. In anderen Bereichen hält die Inflation normalerweise ewig an. Unnötig zu erwähnen, dass die meisten Level-II-Paralleluniversen aufgrund fehlgeschlagener Einstellungen tot sind?

Wenn Tegmark über das Level-II-Multiversum spricht, appelliert er oft an den statistischen Ansatz. Und seine Vorhersagen stimmen hervorragend mit den Daten überein. Und wenn man darüber nachdenkt, ist es auf seine Art absurd. Wie können Unfälle ein Muster haben? Es klingt wie ein Oxymoron.

Regelmäßigkeit vs. Chaos 2

Der belgische Mathematiker Adolphe Quetelet führte eine groß angelegte Studie zu verschiedenen Parametern des menschlichen Körpers durch. Er maß zum Beispiel den Brustumfang von 5.738 schottischen Soldaten und die Körpergröße von 100.000 französischen Rekruten. Quetelet drückte alle Messwerte grafisch aus und erhielt eine glockenförmige Kurve, die wir heute die Normalverteilungskurve nennen. Je mehr Daten er zu einem bestimmten Parameter hatte, desto klarer wurde diese Kurve. Wenn wir zum Beispiel einen Parameter wie die Körpergröße nehmen, dann hat die absolute Mehrheit der Menschen ungefähr die gleiche Körpergröße, und Abweichungen betreffen die Minderheit: Auf der linken Seite des Diagramms stehen sehr kleine Menschen und auf der rechten Seite - sehr große Menschen.

Quetelet erstellte auch ähnliche Kurven für moralische Qualitäten wie die Neigung zur Kriminalität, intellektuelle Fähigkeiten und so weiter. Zu seiner Überraschung stellte er fest, dass alle menschlichen Eigenschaften derselben Normalkurve gehorchen.

Aber was wirklich erstaunlich ist, ist, dass Quetelet diese Kurve, die Astronomen aus astronomischen Beobachtungen bekannt ist, bereits Mitte des 15. Jahrhunderts entdeckte. Wie kann es sein, dass astronomische, biologische und soziale Prozesse durch ein universelles Gesetz verbunden sind? Allein die Tatsache, dass die Verteilung unterschiedlichster Eigenschaften derselben Normalkurve gehorcht, ist an sich schon bemerkenswert. Aber das ist nicht genug. Sogar die Verteilung des durchschnittlichen Niveaus erfolgreicher Aufschläge in der Major Baseball League und die Rentabilität von Aktienindizes gehorchen einer Normalverteilung.

Wenn die Verteilung von der Normalkurve abweicht, sollte dies in der Regel sorgfältig überprüft werden. Wenn sich beispielsweise die Verteilung der Englischnoten in einer Schule von der normalen unterscheidet, empfiehlt es sich, die dort geltenden Benotungsregeln zu überprüfen.

Mathematische Muster lassen sich in den unterschiedlichsten Bereichen nachweisen. 1906 machte der Forscher Francis Galton, ein Cousin zweiten Grades von Charles Darwin, eine wichtige Beobachtung auf einem Jahrmarkt. Die Besucher wurden gebeten, das genaue Gewicht eines geschlachteten Bullen zu erraten. 787 Personen nahmen an dem Wettbewerb teil. Unter ihnen waren sowohl Landwirte, die dies verstehen, als auch Menschen, die weit von der Viehzucht entfernt sind. Nach der Messe berechnete Galton, dass der Durchschnitt aller Antworten 1.197,5 Pfund (etwa 547,5 kg) betrug. Wie nahe war diese Zahl Ihrer Meinung nach am tatsächlichen Gewicht des Bullen? Der Fehler betrug weniger als 1 %. Absolut chaotische Antworten von verschiedenen Teilnehmern führten insgesamt zu einem sehr genauen Ergebnis. Dieses Phänomen wurde in verschiedenen Bereichen wiederholt reproduziert und als "Weisheit der Menge" bezeichnet.

Dieser Effekt liegt solchen Phänomenen wie der Demokratie zugrunde, bei denen Entscheidungen auf der Grundlage der Stimmen einer großen Anzahl von Menschen getroffen werden, sowie Diensten wie Wikipedia oder der Online-Plattform "Kulu", die 2015 von einer Gruppe von Wissenschaftlern ins Leben gerufen wurde. Auf dieser Plattform können Menschen ihre Vorhersagen zu bestimmten Ereignissen treffen und die Plattform zeigt das durchschnittliche Abstimmungsergebnis. Viele der gemachten Vorhersagen haben sich mit hoher Genauigkeit bewahrheitet.

Können mathematische Muster wirklich alles durchdringen? Viele Studien und Beobachtungen zeigen, dass selbst im Zufall eine gewisse Ordnung steckt, die sich mathematisch beschreiben lässt. Diese Muster helfen uns, die Welt besser zu verstehen und sogar zukünftige Ereignisse mit einiger Genauigkeit vorherzusagen.

Ramanujans Genie

Im Januar 1913 erhielt ein talentierter Mathematiker aus Cambridge namens Godfrey Harold Hardy ein Paket mit Dokumenten mit einem Anschreiben. Der Verfasser des Briefes, Srinivasa Ramanujan, gab an, in der Mathematik bemerkenswerte Fortschritte gemacht zu haben, und bat Hardy, seine Werke zu veröffentlichen, da er selbst nicht über die Mittel dafür verfüge. Dem Brief beigefügt waren 11 Seiten mit technischen Ergebnissen aus verschiedenen Zweigen der Mathematik, von denen die meisten bereits bekannte mathematische Theoreme waren, aber einige Hardy zum ersten Mal sah. Hardy erkannte sofort, dass diese Formeln nur von einem Mathematiker der höchsten Klasse abgeleitet werden konnten, und sie müssen wahr sein, da niemand sie hätte erfinden können.

Srinivasa Ramanujan war ein junger Inder, der keine formelle mathematische Ausbildung hatte und nie eine Universität besuchte. Hardy und sein Kollege John Littlewood waren überzeugt, dass sie es mit einem Genie zu tun hatten, das im Alleingang den jahrhundertelangen Weg europäischer Mathematiker gegangen war. Hardy half Ramanujan, nach Cambridge zu ziehen, um zusammenzuarbeiten.

Das Problem war, dass bis jetzt niemand die Methode versteht, mit der Ramanujan seine Formeln ableitete. Hardy sagte, dass Ramanujans Vorstellungen von mathematischem Beweis sehr vage seien. Ramanujan gab spontan komplexe arithmetische Theoreme heraus, deren Beweis moderne Computer erfordern würde. Er behauptete, dass ihm seine Formeln im Traum von der Göttin Namagiri gezeichnet wurden.

Ramanujan hinterließ drei Bände mit Notizen, die extrem starke Theoreme ohne jegliche Kommentare oder Beweise enthielten. 1976 wurden weitere 130 Seiten seiner Notizen für das letzte Jahr seines Lebens gefunden, die 600 Formeln ohne Beweise enthielten. Fast alle von ihnen wurden später bewiesen. Der Mathematiker Richard Askey sagte, dass Ramanujans Arbeit im letzten Jahr seines Lebens mit dem vergleichbar ist, was ein großer Mathematiker in seinem Leben hätte tun können.

Die Arbeit an der Entschlüsselung seines letzten Tagebuchs war äußerst schwierig. Der Mathematiker Bruce Berndt sagte, dass die Entdeckung dieses Manuskripts in der mathematischen Welt für Aufsehen sorgte, ähnlich der Entdeckung von Beethovens Zehnter Symphonie. Der Physiker und Mathematiker Stephen Wolfram schrieb, dass Ramanujans komplexe Formeln eine Geschichte hinter sich verbergen. Viele seiner Ergebnisse scheinen zufällige Fakten aus der Mathematik zu sein, aber ihre Arbeit in den letzten Jahrzehnten zeigt, dass sie mathematischen Gesetzen gehorchen.

Freeman Dyson sagte, Ramanujan habe einige Zaubertricks gehabt, die wir nicht verstehen. Ramanujans Geschichte erinnert an die Größe seines Genies. 2015 wurde sogar ein Film über ihn gedreht, "Der Mann, der die Unendlichkeit kannte".

Seine Notizbücher, die kurze Zusammenfassungen seiner Ergebnisse
enthielten, wurden nach seinem Tod jahrzehntelang als Quelle neuer
mathematischer Ideen studiert. Und das Fantastischste ist, dass seine Formeln
heute in der Stringtheorie und zur Untersuchung Schwarzer Löcher verwendet
werden, obwohl solche Begriffe wie Stringtheorie und Schwarzes Loch zu
seinen Lebzeiten nicht existierten. Ramanujan beantwortete irgendwie die
Fragen der theoretischen Physik, die noch niemand gestellt hatte.

Eine Möglichkeit, dies zu erklären, könnte sein, dass sich das Gehirn
entwickelt hat, um ein bestimmtes Muster in der Welt zu sehen, eine Art
mathematisches. Vielleicht übernahmen seine Neuronen die Funktion der
Berechnung so, wie das Gehirn die Proportionen des Gesichts berechnet.
Vermutlich waren seine Neuronen an der Berechnung von Mathematik
beteiligt. Wahrscheinlich ist jedoch die erste Option richtiger, oder beide sind
richtig.

Wenn wir die erste Option in Betracht ziehen, dann beschrieb Ramanujan
Theoreme, die jetzt in der Stringtheorie verwendet werden. Und die
Stringtheorie ist eine Erklärung der Welt auf der grundlegendsten Ebene.

Die unglaubliche Wirksamkeit der Mathematik in der Physik

Galileo Galilei sagte einmal: "Das große Buch, ich meine das Universum, das
immer offen für unsere Augen ist, ist in der Sprache der Mathematik
geschrieben, und seine Zeichen sind Dreiecke, Kreise und andere
geometrische Figuren.' Galileo betonte, dass wir ohne Kenntnis der
Mathematik die Natur nicht verstehen können. Diese Aussage gilt bis heute,
da die Mathematik überraschenderweise Anwendung in der Physik findet und
uns die Geheimnisse des Universums enthüllt.

Wenn wir uns der Frage nach der Wirksamkeit der Mathematik in den
Naturwissenschaften aus alltäglicher Sicht nähern, könnten wir denken, dass
die Menschen die physische Welt beobachtet und einige Eigenschaften der
Addition, Subtraktion usw. verstanden haben. Wenn Sie beispielsweise drei
Äpfel haben und einen essen, haben Sie noch zwei übrig. Es kann auch davon
ausgegangen werden, dass jeder Mensch früher oder später zu dem Schluss
kommt, dass der Raum drei Dimensionen hat. Unter diesem Gesichtspunkt ist
es nicht verwunderlich, dass Mathematik und Physik eng miteinander
verbunden sind.

Aber das Hauptproblem dieser Logik ist, dass Mathematik erfolgreich in
Bereichen eingesetzt wird, die so weit wie möglich von der menschlichen
Wahrnehmung entfernt sind. Nehmen Sie zum Beispiel Einstein. Viele Leute
denken, dass er den Nobelpreis für die Relativitätstheorie erhalten hat, aber

das ist nicht so. Das Nobelkomitee weigerte sich jahrzehntelang hartnäckig, seine Kandidatur anzuerkennen, obwohl er von so prominenten Wissenschaftlern wie Lorentz, Planck und Bohr nominiert wurde. Warum?

Es werden verschiedene Gründe genannt, darunter das Fehlen experimenteller Daten. Alles, was er tat, all seine Arbeit war komplexe Mathematik, ohne Experimente. Daher verstanden einige Mitglieder des Nobelkomitees das Wesen seiner Theorie nicht und andererseits waren sie sehr skeptisch, dass die Verlangsamung der Zeit und die Krümmung des Raums etwas Reales waren. Es ist schwer, ihnen die Schuld dafür zu geben, da es unglaublich schien.

Dies ging so lange weiter, bis die eingehenden experimentellen Daten nicht mehr ignoriert werden konnten. Aber selbst dann verlieh das Nobelkomitee, gelähmt von Unentschlossenheit, Einstein den Nobelpreis nicht für die Relativitätstheorie, sondern für das, was als seine unbedeutendste Leistung gilt - die Erklärung des photoelektrischen Effekts.

Warum also beschreibt die Mathematik so gut, was ein Mensch in seiner gesamten Existenz noch nie erlebt hat? Warum zum Beispiel wird die unerreichbare Welt der subatomaren Teilchen so gut durch Mathematik beschrieben, die man durch das Zählen von Gemüse lernt? Und warum finden die Formeln von Ramanujan, einem Mann, der überhaupt nichts mit Physik zu tun hatte, nach 100 Jahren ihre Anwendung in den modernsten physikalischen Konzepten? Warum schließlich sogar Ramanujans Mentor, derselbe Godfrey Hardy, der buchstäblich stolz darauf war, dass seine Werke nichts als reine Mathematik enthielten, und in seinem berühmten Buch "A Mathematician's Apology" schrieb: "Ich habe nie etwas Nützliches getan; keine meiner Entdeckungen hat weder direkt noch indirekt das Gute oder Böse in der Welt vermehrt oder vermindert", warum haben sogar seine Formeln ihre Anwendung in der Realität gefunden, zum Beispiel im Hardy-Weinberg-Gesetz, dem Grundprinzip auf dem Genetiker sich bei der Untersuchung der Populationsentwicklung verlassen?

Level-III-Multiversum

In der Nacht des 26. September 1983 ertönten in der Nähe von Moskau im Kommandozentrum des Frühwarnsystems für Atomwaffen Alarmglocken. Der Computer meldete, dass vom Territorium der Vereinigten Staaten von Amerika Interkontinentalraketen gestartet worden seien. Die Zuverlässigkeit der Messwerte war maximal. In den Köpfen aller, die sich in diesem Moment in der Kommandozentrale befanden, tauchte nur ein Gedanke auf - der Dritte Weltkrieg. In dieser Nacht hatte Oberstleutnant Stanislav Jewgrafowitsch Petrow Dienst. Sein Herz klopfte und sein Atem stockte. "Ich konnte nicht vom Stuhl aufstehen, meine Beine wurden weggenommen", erinnerte er sich.

Laut Charta war Petrov verpflichtet, den Angriff durch das Auslösen einer Befehlskette zu melden, die zu einem entsprechenden Atomschlag gegen die Vereinigten Staaten führen würde. "Ich hatte nur wenige Minuten Zeit, um die Führung des Landes über die Bedrohung zu informieren. Die Raketen sollten in nur einer halben Stunde auf unserem Territorium explodieren." Die Zehntausende von Atombomben, die sich im Laufe der Jahre des Wettrüstens angesammelt hatten, waren dabei, ihren Zweck zu erfüllen. Die meisten von ihnen waren nicht einmal atomar, sondern Wasserstoff. Für diejenigen, die nicht wissen, was eine Wasserstoffbombe ist: In einer Wasserstoffbombe wirkt eine Atombombe als Auslöser für eine Reaktion.

"Mir schien, mein Kopf verwandelte sich in einen Computer. Viele Daten, aber sie bildeten kein einziges Ganzes." Niemand weiß, ob die Führung der Sowjetunion einen Vergeltungsschlag eingeleitet hätte, wenn Oberstleutnant Petrov den Angriff gemeldet hätte. Dies war durchaus wahrscheinlich, da die Situation damals sehr angespannt war. Es war der Höhepunkt des Kalten Krieges. Reagan war nicht mehr schüchtern in seinen Äußerungen und nannte die UdSSR "das böse Imperium" und "den Brennpunkt des Bösen in der modernen Welt". Und drei Wochen vor dem Vorfall gab die Führung der UdSSR einen paranoiden Befehl, ein ziviles Verkehrsflugzeug zu zerstören, das von New York nach Seoul flog. Der Liner kam aufgrund eines Pilotenfehlers vom Kurs ab und flog in den Luftraum der UdSSR, wo er von unserem Abfangjäger abgeschossen wurde. Infolgedessen starben 269 Menschen, darunter der US-Kongressabgeordnete Larry MacDonald.

Die Situation war so, dass sowohl die USA als auch die Sowjetunion ernsthaft Optionen für Präventivschläge gegeneinander erwogen, weil jedes Land befürchtete, dass das andere es zuerst tun würde. Die Chancen standen 50/50. Und jetzt denken Sie darüber nach: Das Schicksal der ganzen Welt hing in diesem Moment davon ab, ob ein einzelnes Kalziumatom in eine bestimmte Synapse des präfrontalen Kortex des Gehirns von Oberstleutnant Petrov gelangen würde oder nicht, was die Erregung eines bestimmten Neurons verursachen und ein elektrisches Signal durch es senden würde, das eine Kaskade der Aktivität anderer Neuronen auslösen würde, die gemeinsam den Gedanken "Fehlalarm" kodieren.

"Ich nahm den Hörer ab und meldete dem diensthabenden Offizier, dass die Informationen, die von meinem Kommandoposten kamen, falsch seien. Der Computer ist abgestürzt." Es blieb nur abzuwarten, bis die Raketen, falls sie tatsächlich gestartet wurden, in den Luftraum der UdSSR eindrangen und von Radaren erfasst wurden. Dies sollte in 18 Minuten geschehen, aber es geschah nicht. Die nächsten zwei Tage nach dem erlebten Schock schlief sein Vater nach Angaben des Sohnes des Oberstleutnants. Sechs Monate später stellt sich heraus, dass der Ausfall darauf zurückzuführen war, dass die

Sonnenstrahlen auf eine bestimmte Weise von den Wolken direkt über der Basis reflektiert wurden und den Satelliten blendeten.

Nach dem Zusammenbruch der Sowjetunion erfährt die ganze Welt von dieser Geschichte. Stanislav Petrov wird für seinen Beitrag zum Gemeinwohl mit dem renommierten Deutschen Medienpreis ausgezeichnet. In New York, am Sitz der Vereinten Nationen, wird ihm eine Kristallstatuette mit der Aufschrift "An den Mann, der einen Atomkrieg verhindert hat" überreicht. Petrov wird Preisträger des Dresdner Preises, der für die Verhinderung bewaffneter Konflikte verliehen wird, und wird zusammen mit Kevin Costner in einem Dokumentarfilm über diese Ereignisse mitspielen.

Dies ist die Geschichte, die wir kennen, aber es gibt noch eine andere Realität. Das Kalziumatom, das die Kaskade von Ereignissen im Gehirn des Oberstleutnants auslöste, ist ein mikroskopisch kleines Objekt, das den Gesetzen der Quantenmechanik unterliegt. Daher kann sich ein Atom in zwei leicht unterschiedlichen Positionen befinden. Nach der Vielwelteninterpretation der Quantenmechanik spaltete sich das Universum in der Nacht zum 26. September in zwei Realitäten. Parallel zu unserer Welt gibt es gerade jetzt eine andere, in der das Kalziumatom nicht die richtige Synapse im Gehirn des Oberstleutnants traf und Petrov die gegenteilige Entscheidung traf – er meldete einen Angriff und ein Atomkrieg begann. Man kann nur erahnen, wie diese Welt jetzt aussieht. Dies ist eine Art Schrödingers Katzenexperiment, aber im Maßstab eines ganzen Planeten.

Die Vielwelteninterpretation der Quantenmechanik von Hugh Everett braucht keine Einführung. Es wurde viel darüber gesprochen, und viele Physiker haben sich in den letzten Jahrzehnten von Ignorieren oder Verspotten zu ernsthaften Überlegungen über die Möglichkeit einer unendlichen Aufspaltung des Universums bewegt. Max Tegmark zitiert eine informelle, aber aufschlussreiche Umfrage unter Physikern im Jahr 1997, bei der sich die Mehrheit für die klassische Kopenhagener Interpretation anstelle von Paralleluniversen entschied. Aber bereits 2010 stimmte in Harvard niemand für die Kopenhagener Interpretation, und die absolute Mehrheit erkannte die Richtigkeit der Vielwelteninterpretation an.

Konrad Lorenz sagte, dass wichtige wissenschaftliche Entdeckungen drei Phasen durchlaufen: Zuerst werden sie ignoriert, dann heftig angegriffen und schließlich als bekannt abgetan. Den Umfragedaten nach zu urteilen, befinden sich Everetts Paralleluniversen, nachdem sie in den 1960er Jahren die erste Phase durchlaufen haben, nun zwischen der zweiten und dritten Phase.

Max Tegmark stellt fest, dass viele nicht verstehen, wie man sich in Kopien von sich selbst aufspalten und es nicht bemerken kann, sich immer wie dieselbe Person fühlen. Sie können versuchen, dies zu verstehen und zu akzeptieren, nur mit Hilfe eines Gedankenexperiments. Es gibt kein Gesetz der Physik, das es verbieten würde, Ihre vollständige Kopie mit all Ihren Erinnerungen zu erstellen. Stellen Sie sich vor, Sie sind in einen tiefen Schlaf gefallen und danach wurden Sie mit der Supertechnologie der Zukunft geklont. Wenn Ihnen nach dem Aufwachen nicht gesagt wird, welcher von Ihnen ein Klon ist, werden Sie sich nie sicher sein können, dass Sie das Original sind. Sie werden beide aus derselben Vergangenheit kommen und das Gefühl haben, ein langes Leben gelebt zu haben, obwohl einer von Ihnen erst gestern aufgetaucht ist.

Wenn sich die Universen der ersten und zweiten Ebene im Rahmen der traditionellen Kosmologie befinden, dann deutet das Multiversum der dritten Ebene, wie es in der Vielwelteninterpretation der Quantenmechanik vorgestellt wird, auf etwas völlig anderes hin. Hier ist jede mögliche Version der Geschichte, jede Entscheidung, jedes mögliche Ergebnis real und existiert parallel zueinander.

Die Geschichte von Oberstleutnant Petrov, in der er die gegenteilige Entscheidung traf und einen Angriff meldete, illustriert dieses Konzept. In der Vielwelteninterpretation der Quantenmechanik wird jedes mögliche Ergebnis dieses Vorfalls in einem separaten Zweig der Realität realisiert. Und obwohl dies für uns, die in einem bestimmten Zweig leben, als etwas Abstraktes oder Fantastisches erscheinen mag, ist dies im Rahmen der Vielwelteninterpretation ein natürliches Merkmal der Quantenwelt.

Woraus besteht das Fundament der Realität?

Das Fundament der physikalischen Realität besteht aus mathematischen Objekten wie Hilberträumen und Wellenfunktionen. Der Hilbertraum ist eine mathematische Struktur, die verwendet wird, um die Eigenschaften von Quantensystemen und ihren Zuständen zu beschreiben. Es umfasst unendlich dimensionale Vektorräume, die zur Formalisierung der Quantenmechanik verwendet werden.

Die Wellenfunktion ist ein mathematisches Objekt, das den Zustand eines Quantensystems beschreibt und es Ihnen ermöglicht, die Wahrscheinlichkeiten verschiedener Messergebnisse vorherzusagen. Es ist die Grundlage für die Berechnung von Wahrscheinlichkeiten, Amplituden und anderen Größen in der Quantenmechanik.

Somit fungiert die Mathematik als Grundlage der physikalischen Realität im Kontext der Quantentheorie, wo Hilberträume und Wellenfunktionen helfen, das Verhalten mikroskopischer Teilchen und Systeme zu beschreiben.

Frank Wilczek schreibt in seiner Veröffentlichung für die Online-Ausgabe: "In meiner wissenschaftlichen Karriere gab es viele verschiedene Erfahrungen, von denen einige mich zu ungewöhnlichen Bewusstseinszuständen führten. Aber ich hatte nur eine Erfahrung, die man als mystisch bezeichnen könnte. Ich war dort allein, in einer Metallkiste von der Größe eines Flugzeughangars, und schaute auf die Ausrüstung, mit der Menschen die Grundlagen der Natur experimentell untersuchen. Und dann ist es passiert. Mir wurde intuitiv klar, dass die komplexen Berechnungen, die ich mit Stift und Papier gemacht hatte, irgendwie diesen völlig anderen Bereich der Existenz beschreiben konnten, nämlich die physische Welt der Teilchen, Spuren und Elektronen, die von dem Mechanismus erzeugt wurden, den ich betrachtete. Es gab keine Notwendigkeit zu wählen, wie es bei Philosophen oft der Fall ist, zwischen Geist oder Materie. Es war Geist und Materie zusammen. Wie konnte das sein? Warum sollte es so sein? Und doch wurde mir irgendwie plötzlich klar, dass es so sein könnte und sollte. Das große Geheimnis der Entsprechung der mathematischen Sprache zu den Gesetzen der Physik ist ein erstaunliches Geschenk, das wir nicht verstehen können und das wir vielleicht nicht verdienen."

Diese Erfahrung offenbarte ihm die erstaunliche Gabe, die die mathematische Sprache den Gesetzen der Physik verleiht. Er hatte das Gefühl, dass die Naturgesetze durch die Sprache der Mathematik verstanden werden könnten und dass diese Sprache nicht nur ein abstraktes Konzept ist, sondern auch die tiefen Strukturen der Realität widerspiegelt. Es war ein Gefühl der Einheit von Geist und Materie, das für Wilczek zu einer mystischen Erfahrung wurde.

Level-IV-Multiversum

Im vorherigen Abschnitt haben wir ausführlich diskutiert, warum das, was ein Mensch direkt mit seinen Sinnen wahrnimmt, keine objektive Realität sein kann. Ich habe hauptsächlich den radikalen Standpunkt des kognitiven Psychologen Donald Hoffman behandelt. Aber womit nur wenige Leute argumentieren werden, ist, dass das Weltbild, das wir wahrnehmen, äußerst subjektiv ist. Wir sehen nur ein etwas verzerrtes Modell, das von unserem Gehirn gebaut wurde.

Der Physiker und Augenarzt Hermann von Helmholtz aus dem 19. Jahrhundert beschrieb den Mechanismus dieses Phänomens und fasste zusammen, dass wir nicht auf die Realität blicken, sondern auf ein Modell der Realität, das von unserem Gehirn geschaffen wurde. Das Modell der Welt ist unsere innere Realität. Wie die äußere Realität außerhalb unserer Sinne wirklich aussieht, ist eine große Frage.

Wir haben jedoch festgestellt, dass wir über die Mathematik Zugang zur äußeren Realität haben. Ihre Wahrnehmung sagt Ihnen, dass Sie einen festen Stein betrachten, aber seine mathematische Beschreibung zeigt, dass der Stein hauptsächlich aus leerem Raum zwischen ständig vibrierenden Teilchen besteht. Wir vertrauen der mathematischen Beschreibung mehr als subjektiven Gefühlen, sonst hätten wir die moderne Zivilisation mit ihren Technologien nicht aufgebaut.

Warum wird die äußere Realität durch Mathematik beschrieben? Diese Frage quält die Menschen seit Jahrtausenden und ist heute aktueller denn je. Ist Mathematik eine Erfindung oder eine Entdeckung? Können wir sagen, dass Mathematik unabhängig vom menschlichen Geist existiert? Entdecken wir mathematische Wahrheiten wie neue Inseln und Kontinente, oder ist Mathematik nur eine menschliche Erfindung, ein Werkzeug?

Die Frage nach der Natur der Mathematik ist eng mit der Frage nach der Existenz Gottes verbunden. Mathematik und Physik werden oft als zwei verschiedene Disziplinen angesehen. Max Tegmark schlägt jedoch die Idee vor, dass unsere gesamte physische Welt ein riesiges mathematisches Objekt ist. Das Problem der Wirksamkeit der Mathematik stellt sich nur dann, wenn wir sie als unterschiedliche Disziplinen betrachten. Wenn sie ein und dasselbe sind, passt alles zusammen.

Platonismus und Realität

Der Glaube, dass mathematische Objekte in der Realität existieren und realer sind als das, was wir sehen, geht auf Platon zurück. Der Platonismus argumentiert, dass mathematische Formen nicht so existieren wie gewöhnliche physische Objekte. Sie haben keinen räumlichen Standort und existieren nicht in der Zeit.

Max Tegmark glaubt, dass alle Strukturen gleichwertig sind und daher mathematische Strukturen Realität sind. Subatomare Teilchen sind keine festen Objekte, sondern nur Cluster mathematischer Eigenschaften. Der Raum unserer physischen Welt ist ein rein mathematisches Objekt.

Das Level-IV-Multiversum besteht aus verschiedenen Realitäten, die unterschiedlichen fundamentalen Gesetzen der Physik entsprechen und von unterschiedlichen mathematischen Gleichungen bestimmt werden. Wenn auf der untersten Ebene die Realität eine mathematische Struktur ist, dann bestehen ihre Teile aus Beziehungen zwischen mathematischen Blöcken, nicht aus ihren Eigenschaften.

Vielleicht am überraschendsten ist, dass das Universum trotz seiner Komplexität durch eine einfache mathematische Formel beschrieben werden kann. Wie beim Mandelbrot-Set, das durch die Formel $Z = Z^2 + C$ beschrieben wird, kann die Komplexität des Universums das Ergebnis solch einfacher mathematischer Ausdrücke sein.

Die Frage, wie die Menschheit in dieses mathematische Weltbild passt, bleibt offen. Vielleicht sind wir Teil einer größeren mathematischen Struktur, die sich durch die Gesetze der Physik manifestiert, und unser Verständnis davon wird uns helfen, uns selbst und das Universum, in dem wir leben, besser zu verstehen.

Was ist ein Mensch nach Max Tegmark?

In seiner mathematischen Universumshypothese betrachtet Max Tegmark den Menschen als ein komplexes mathematisches Muster im Raum-Zeit-Kontinuum. Unser Bewusstsein und unsere Wahrnehmung der Welt sind laut Tegmark das Ergebnis der Interaktion komplexer Informationsverarbeitungsprozesse im Gehirn. Diese Prozesse ermöglichen es unserem Gehirn, Modelle der Welt und uns selbst zu erstellen und mit ihnen zu interagieren.

Tegmarks Thesen zur menschlichen Natur:

- **Bewusstsein und Materie:** Tegmark räumt ein, dass es noch nicht klar ist, wie genau physische Materie Bewusstsein hervorbringt. Er hält es jedoch für möglich, in Zukunft eine umfassende und überzeugende Theorie des Bewusstseins zu entwickeln.
- **Mathematische Verbindung:** Tegmark weist darauf hin, dass Bewusstsein über einen mysteriösen Mechanismus verfügt, um auf die mathematische Welt zuzugreifen. Dieser Mechanismus entdeckt, erschafft oder formuliert eine Fülle abstrakter mathematischer Formen und Konzepte.
- **Evolution mathematischer Fähigkeiten:** Er stellt fest, dass selbst Tiere grundlegende mathematische Fähigkeiten besitzen, die angeboren sind und sich unter dem Druck der natürlichen Selektion entwickeln. Die mathematischen Fähigkeiten des Menschen gehen jedoch weit über die zum Überleben notwendigen Fähigkeiten hinaus.
- **Mathematik und die physische Welt:** Tegmark fragt sich, wie mathematische Gesetze die physische Welt so genau beschreiben und warum diese Gesetze eine solche Komplexität und Schönheit aufweisen.

- **Vierdimensionale Raumzeit:** Nach der Relativitätstheorie existiert jeder Punkt in Vergangenheit, Gegenwart und Zukunft in der Realität, und daher bilden Objekte wie die Erde und der Mond unveränderliche Muster in der Raumzeit. Die menschlichen Raumzeitmuster sind die komplexesten im beobachtbaren Universum.
- **Quantenmechanik:** Tegmark berücksichtigt auch den Einfluss der Quantenmechanik, bei der sich jeder von uns in viele Zweige verzweigen und ein wunderschönes Muster in einem unendlichen mathematischen Universum bilden kann.
- **Bewusstsein als Informationsverarbeitung:** Laut Tegmark ist Bewusstsein die Art und Weise, wie sich Informationen anfühlen, wenn sie mit bestimmten komplexen Methoden verarbeitet werden. Es tritt auf, wenn das Modell von sich selbst im Gehirn mit dem Modell der Welt im selben Gehirn oder mit sich selbst interagiert.

Falsifizierbarkeit der Hypothese

Tegmark stellt fest, dass die Hypothese als widerlegt angesehen werden kann, wenn Physiker, auch ohne eine vollständige Beschreibung der physikalischen Realität zu haben, aufhören, mathematische Muster in der Natur zu finden.

Schlussfolgerung

Tegmarks Hypothese, obwohl sie auf erhebliche Kritik stößt, bleibt ein interessantes Konzept, das Diskussionen über die Natur der Realität und die Rolle der Mathematik in ihrer Beschreibung anregt. Es ermutigt Wissenschaftler und Philosophen, über die tiefe Verbindung zwischen mathematischen Strukturen und physischer Realität nachzudenken, auch wenn ihre endgültige Überprüfung eine schwierige Aufgabe bleibt.

Die Reise geht weiter: Eine Einladung, tiefer einzutauchen

Vielen Dank, dass Sie mich auf dieser spannenden Reise durch die Labyrinthe der Realität und des Bewusstseins begleitet haben. Wir haben die erstaunliche Welt der Quantenphysik erkundet, sind in die Geheimnisse der Evolution und des Bewusstseins eingetaucht und haben versucht, die komplexen Fragen zu verstehen, die die Menschheit seit Jahrhunderten beschäftigen.

Wir haben gesehen, dass die Realität viel komplexer und erstaunlicher sein kann, als wir es gewohnt sind, sie wahrzunehmen. Wir haben erkannt, dass Bewusstsein nicht nur ein Produkt des Gehirns ist, sondern etwas mehr, etwas, das über unser Verständnis hinausgeht.

Wir haben über die Fragen "Was bin ich?" und "Was geschieht um uns herum?" nachgedacht. Diese Fragen führen uns ins Unbekannte und eröffnen uns neue Horizonte des Wissens.

Doch die Suche nach Antworten endet hier nicht. Im Gegenteil, sie fängt erst an. Jede neue Entdeckung, jede neue Idee bringt uns dem Verständnis des Geheimnisses von Bewusstsein und Realität näher.

Wir können alles bezweifeln, aber wir können unsere eigene Existenz, unser eigenes Bewusstsein nicht bezweifeln. Dies ist die einzige unerschütterliche Wahrheit, von der wir bei unserer Suche ausgehen können.

Leben wir in einer Simulation? Ist Bewusstsein eine fundamentale Eigenschaft der Realität? Werden wir jemals in der Lage sein, das Geheimnis des Bewusstseins vollständig zu lüften?

Bislang gibt es keine endgültigen Antworten auf diese Fragen. Aber es ist die Suche nach diesen Antworten, die unser Leben sinnvoll und interessant macht. Sie ermutigt uns, zu forschen, nachzudenken und uns weiterzuentwickeln.

Wenn Sie tiefer in die Welt der Quantenphysik und ihre Verbindung zum Bewusstsein eintauchen möchten, empfehle ich Ihnen mein nächstes Buch "Der Quantencode: Die Geheimnisse des Universums entschlüsseln". Darin werden wir uns genauer mit der Quantenbiologie, verschiedenen Quanteninterpretationen und dem Konzept des Quantenbewusstseins befassen.

Ich hoffe, diese Reise war informativ und inspirierend für Sie. Ich wünsche Ihnen viel Erfolg bei Ihrer weiteren Suche nach der Wahrheit!

"X" - @woodson1900

davidwoodson84@gmail.com

Das Multiversum des Bewusstseins

www.ingramcontent.com/pod-product-compliance
Lightning Source LLC
Chambersburg PA
CBHW050309230526
45471CB00005B/2099